A Little Known
Chinese Folk Art
Zhen Xian Bao

拆纸针线包

鲜为人知的
中国民间艺术

【英】鲁思·史密斯
【英】吉娜·科里根 著

刘琦 译

中国纺织出版社有限公司

清华大学艺术与科学研究中心
染牌非物质文化遗产
研究与保护基金资助项目

内 容 提 要

本书聚焦于一项鲜为人知的中国民间艺术——折纸针线包，并围绕那些行将消失的传统展开了研究。书中呈现了作者自1990年开始所见到的具有代表性的折纸针线包，并讲述了这些针线包背后的故事。本书关注历史背景、地理位置与折纸针线包的传统之间的联系，探讨针线包的材料、构造、款式以及装饰手法。书中所配的大量精美的照片，绝大部分是作者在定期访问贵州省和云南省的偏远村寨时拍摄的。此外，还分析了不同类型针线包的构造，并开展了一系列符合当下背景的创作课题。

本书文字生动、图片精美，具有较高的学习和研究价值；不仅是民族民间文化艺术研究者的有益资料补充，也为广大手工艺术爱好者和收藏者带来新的启发。

原文书名：A Little Known Chinese Folk Art Zhen Xian Bao
原作者名：Ruth Smith & Gina Corrigan
本书中文简体版由中国纺织出版社有限公司独家出版发行。
著作权合同登记号：图字：01-2021-2331

图书在版编目（CIP）数据

折纸针线包：鲜为人知的中国民间艺术 / （英）鲁思·史密斯，（英）吉娜·科里根著；刘琦译. --北京：中国纺织出版社有限公司，2021.8

书名原文：A Little Known Chinese Folk Art Zhen Xian Bao
ISBN 978-7-5180-8567-5

Ⅰ.①折… Ⅱ.①鲁… ②吉… ③刘… Ⅲ.①纸料工—民间工艺—贵州 Ⅳ.①TS959.4

中国版本图书馆CIP数据核字（2021）第101158号

责任编辑：李春奕 施 琦 责任校对：寇晨晨
责任印制：王艳丽

中国纺织出版社有限公司出版发行
地址：北京市朝阳区百子湾东里A407号楼 邮政编码：100124
销售电话：010—67004422 传真：010—87155801
http://www.c-textilep.com
中国纺织出版社天猫旗舰店
官方微博http://weibo.com/2119887771
北京雅昌艺术印刷有限公司印刷 各地新华书店经销
2021年8月第1版第1次印刷
开本：889×1194 1/16 印张：13
字数：242千字 定价：138.00元

调研及摄影：【英】吉娜·科里根
调研及文字：【英】鲁思·史密斯
该书献给拥有这项民间艺术及折纸技艺的中国人

封面：一枚折纸针线包，贵州省

偏远山村的苗族人，贵州省黔东南苗族侗族自治州（以下简称"黔东南州"）黎平县

2010年，我在北京服装学院第一次见到了吉娜·科里根。她在参观我们的民族服饰博物馆时问我是否见过一个她从贵州省带回来的小折纸包。我一眼便认出这是一个用来收纳针和线的针线包。

我说我记得山西省老家的外祖母有类似的。吉娜非常兴奋，因为她也一直认为这种针线包与汉族有关——尽管这种手艺今天主要流传于云南省和贵州省等少数民族地区的农村。我外祖母的纸针线包证实了她的观点。

2011年，我们再次见面。我从老家带来针线包，吉娜拍摄了照片。我曾经读过基于吉娜的收藏品、鲁思·史密斯编辑的《少数民族纺织服装技术：中国西南服饰》一书。在看过这本新书《折纸针线包：鲜为人知的中国民间艺术》的几页样张后，我很高兴地获知她们想与我合作，对折纸针线包进行深入的研究。

在现代化和城市化进程中，传统的中国手工艺品正在逐渐消失。作为一名博物馆的实践者和传统文化的研究者，我面临一个两难的困境。一方面我们不能阻止乡村生活方式的改变，每个人都有权利去追求更加舒适和方便的生活；然而，这同时会导致传统工艺的式微。我们无法说服乡村人为了保护他们自己的传统文化而放弃现代生活。另一方面，如果我们对传统文化的保护只存在于博物馆中，传统文化也必将会消失。在过去的50年中，许多研究人员和博物馆已经密切关注民族服装。

在这个过程中我们似乎更偏重对传统中国手工艺品实物的收藏与研究，而忽视了其在非物质文化层面的生产和使用，刺绣工具和用具就是一例。中国有句俗话："工欲善其事，必先利其器"。民间手工艺都离不开制造它们的工具和用具。来自中国西南的针线包是由简单的、经济的，甚至是可回收的材料制作而成。经过折叠拼接，他们成为可以收纳针线和剪纸图样的用具。除实用功能外，它们的外观也很漂亮。

鲁思和吉娜在这个领域的研究引起了我们对传统的手工工具和用具的关注。同时，她们通过向我们展示如何制作针线包，激发了我们新的设计思路。因此，她们鼓励我继续研究。她们相信我的年轻和国籍是我的优势，她们对中国文化的关注也鼓励着我。"民族服饰文化与现代设计相结合，理论与实践相结合"也是我任教的北京服装学院秉持的教学理念。

不幸的是，我的外祖母在最近去世了，我感到我不仅失去了至亲，也失去了一位见证和实践传统手工艺的长辈。所以我决定继续鲁思和吉娜的研究，以纪念我的外祖母以及那些始终用双手温暖生活的母亲们。

刘琦
北京服装学院
民族服饰博物馆
原副馆长
2020年10月

这本书的主题鲜为人知，关注者甚少，即使在今天的中国，只有接触过它的人才知道它叫"针线包"。它之所以成为秘密，主要因为它们在家里制作，用于存放缝纫部件以装饰那些在节庆和纪念日穿用的盛装，使用范围有限。然而，它们是值得关注的艺术品，反映着独特的地方艺术样式。

近10年来，我一直在收集针线包的样本，而且多多少少引起了一些纺织品收藏家对这一领域的关注。我认为，随着传统纺织技术的衰退，这项传统技艺会不可避免地日渐式微，但或许可以因受到更多纺织界人士的关注而复活。

近年来，收藏家们已经渐渐发现了针线包的价值，希望可以给创造它的村民们带来回报，使村民们认识到将其作为一项传统延续下去的价值。

我希望，这本由鲁思和吉娜编写的内容生动、研究深入的书，可以向更多的读者展示这门精彩的民间传统艺术。针线包"藏在深闺人未识"，但它为卓越的中国少数民族纺织文化奠定了基础。希望从现在起可以受到人们的重视，而更好地传承下去。

马丁·康兰
（Martin Conlan）
2020年11月

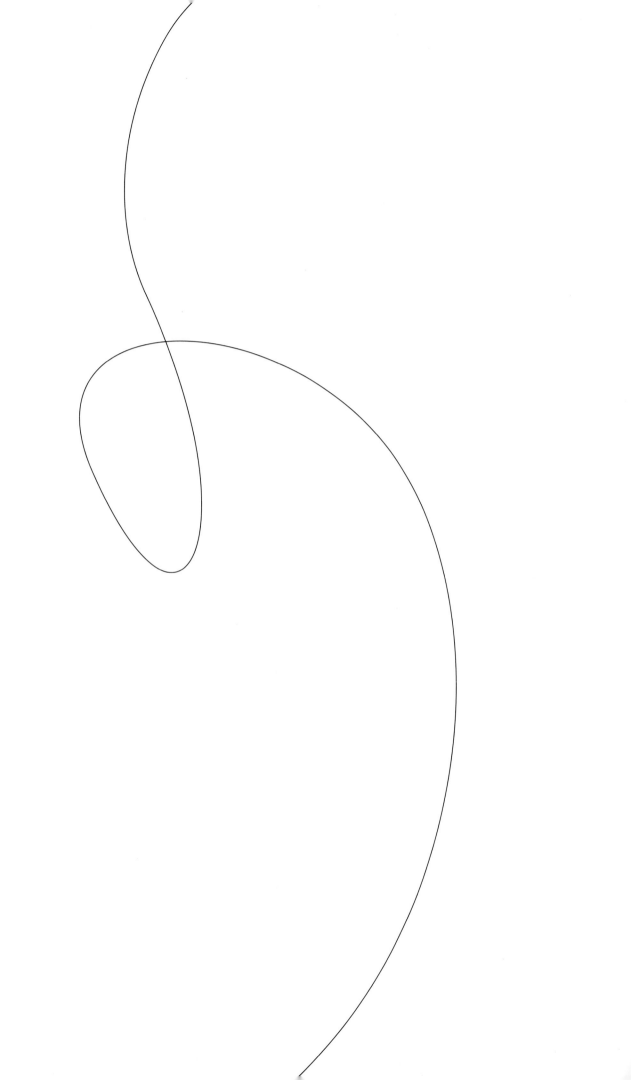

针线包是传家宝

中国儿歌
作于20世纪60年代
以纪念20世纪30年代的红军长征

小小针线包

革命传家宝

当年红军爬雪山

用它补棉袄

小小针线包

革命传家宝

解放军叔叔随身带

缝补鞋和帽

我们红小兵

接过传家宝

艰苦奋斗好传统

永远要记牢

艰苦奋斗好传统

永远要记牢

苗族女子正在展示有 13 个隔间的针线包，贵州省黔东南州榕江县吴家寨

此书聚焦于一项鲜为人知的中国少数民族艺术，并围绕那些行将消失的传统展开研究。这项艺术形式在儿歌《针线包是传家宝》中被传唱，中文的"针线包"即是"收纳针和线的口袋"。歌中唱到它是红军在长征途中使用的缝纫用品。

本书针线包的特点在于它们是用纸折叠而成的。它们很实用，通常在自己家制作，内部装饰精美，专门用来存放绣花线、针、纸样、未完成的活计和个人纪念品等。表面看起来它们像是一本书或文件夹，但里面夹着的不是页，而是许多三维的、可以打开也可以收起的隔间。

1990年，吉娜在中国西南的贵州省第一次邂逅针线包，这里的侗族妇女依然在使用着它们，这个地区尚存发达的织绣传统，用来制作色彩丰富、华美富丽的节日盛装。此后，随着贵州省旅游业的发展，欧洲和美国的游客来到这些偏远的村寨，吉娜对针线包越来越有兴趣，并开始进行收藏。

我们关注历史背景、地理位置与折纸针线包的传统之间的联系，探讨材料的使用，展示不同类型折纸针线包的构造，并列举不同的设计款式以及装饰用的手法。本书的文字配有大量吉娜拍摄的照片，绝大部分是她在定期访问贵州省和云南省的偏远村寨时拍摄的。鲁思分析了针线包的构造，并延伸了针线包的基本原理，开展了一系列的创作课题。

当2004年我们的调研刚刚开始时，我们以为针线包的传统只有在黔东南的侗族和苗族中沿用。但是后来，我们开始注意到贵州省的瑶族和"老汉人"（屯堡人）以及云南省、贵州省交界处的彝族和壮族也在使用。通过最近从山西省和山东省搜集的样本来看，这个传统同样存在于汉族之中。对于折纸针线包，我们的研究还远远不够，仍然有很多未解之谜。我们希望在中国通过提高人们对针线包传统的认知，来鼓舞其他人做进一步的调查，以在这一传统消逝之前进行更深入的研究。

鲁思·史密斯 吉娜·科里根
2020年11月

正在做辫绣的苗族女子，贵州省黔东南州台江县大寨村

致谢

如果没有来自英国、美国和中国这么多朋友、同事、收藏家、旅伴以及译者，没有他们的鼓励支持和热情帮助，这本书是无法完成的。

我们要感谢那些允许我们研究其针线包实例的收藏者的慷慨分享。在众多的人中，我们特别要感谢懒猴纺织品（Slow Loris Textiles）的马丁·康兰（Martin Conlan），他借给我们品类非常丰富的针线包，其中包含一些罕见的款式，及时与我们分享他最新的收获，推进了我们项目的进展。

我们也非常感谢来自英国的约翰·吉洛（John Gillow）、珍妮·帕里（Jennie Parry）和帕梅拉·克罗斯（Pamela Cross），还有来自美国的帕姆·纳伊多夫斯基（Pam Najdowski），来自荷兰的麦基·戈特（Mieke Gorter）以及香港的贺祈思（Chris Hall）。贺祈思先生以其丰富、绝美、罕见的中国清代收藏而著称于纺织界，他使我们注意到了来自中国北方的"八角星样式"针线包，从而扩大了我们的研究范围。贺祈思先生乐于收藏的那些无足轻重又非比寻常的物件使我们受益匪浅，一些绝妙的针线包样品就包括在内。正如他所说的，"它们，也是中国纺织故事的组成部分"。

感谢我们的翻译禄嫦、王军和刘伟，感谢他们作出的贡献。还必须要感谢王军，他找到了极少的仍会制作针线包的侗族人，让我们能够观察他们的制作技艺。

画家美琪·克罗斯（Maggie Cross），感谢她为英文版标题页题写的中国书法"针线包"字样。

我们还要感谢北京服装学院民族服饰博物馆原副馆长刘琦给予我们的研究以非常积极的回馈，我们也期待着有可能与她或是她的学生合作。

最后，我们都非常感激我们的丈夫，要特别感谢他们的支持和鼓励；感谢彼得（Peter）找到的明确信息，感谢弗瑞德（Fred）的逻辑思维和校对技巧。

鲁思·史密斯　吉娜·科里根
2020年12月

目录

典型的侗族针线包，贵州省黔东南州榕江县大利侗寨

引言

全世界做女红的女子都需要某种收纳物来存放她们珍爱的线以及众多手工用具。在研究贵州节庆服饰和纺织品的过程中，我们发现了一种传统的、有趣的针线存放方式，主要存在于苗族和侗族村落，并看到了它们如今改良后的样式。

如今最常用的盛放刺绣工具的收纳物是筐。在市场上有现成的，这些筐都是竹子做的，有各种形状和大小。而平装书或旧课本也是一个非常实用的存放用具——将线、图样和未完成的刺绣夹在页与页之间。

这样的书很常见，有时还夹着一张家庭照片，被塞进做针线活儿的篮子里。2005年我们访问的一位苗族女子就把线放在了她孙女的一本图画书里。其他的收纳用具还有布袋、木箱和用竹子或银制成的针筒。塑料袋、硬纸板和塑料箱没有什么装饰性但具有功能性，但我们的关注重点还是折纸容器。

应当指出的是，"针线包"是一个中文术语，可以指存放缝制工具的任何容器。然而，在这本书中，"针线包"特指由纸张折叠而成的类型。这是一种不同寻常的民间艺术形式，存在于有着深厚女红传统的中国农村和偏远地区，并已然成为当地女红文化的一部分。

如今，随着精美手工刺绣的日渐衰落，折纸针线包正变得多余。年长的妇女，不再从事针线活，便把它们卖给纺织品商人和游客，结果导致关于针线包的源起和其他有价值的信息往往都已缺失。

我们曾集中访问贵州省的一些村寨并进行田野考察，在那里采访了做针线活儿的妇女并购买了她们的针线包。在这种情况下，我们能够确认那些针线包的出处。但如果是从纺织品商人那里购买的，我们不得不依靠二手信息去辨别出处。

因此，我们所采用的分类方法是基于不同的结构和装饰风格进行分类。

认识折纸针线包

此页的照片展示了一个典型的纸质针线包，是1999年从一位侗族妇女那儿获得的。其内部由用纸折叠的部件构成，表层包着印花棉布，很可能是一块手帕。它已经被用得很旧了，表层和内侧的纸缝合的地方非常脆弱。里面放着五彩丝线、绿色和粉红色的手工编带、零碎的纸样和三位妇女的合影照片。这个针线包内部有15个单独的隔间，每个放着不同的线。这些隔间连接在一起，可以单独打开也可以平整合上。最上层的4个小口袋制作的样式也不同。把所有的口袋都折叠归位以后，这本"书"才可以合上。彩色纹样仅装饰在最上面一层，褪色严重，但可以辨认出是用木雕版捺印而成；黑色轮廓线内填以粉红色和绿色。在一个口袋的底部，有用圆珠笔画的小小的鸟和蝴蝶纹样，这或许是原来的主人正在构思她的刺绣图案。

这种形式的折纸针线包是非常实用和轻便的收纳物。它的基本结构如第4页的图所示。

侗族针线包，闭合尺寸14.5厘米×23厘米，1999年收集于贵州省黔东南州榕江县乐里镇

针线包的打开状态，可以看到多层的口袋，以及最上层的小盒子，里面可以找到一些绣线、图样和照片，鲁思·史密斯收藏

针线包内收纳的老照片，三个妇女穿着传统服饰

侗族节日盛装，同样见于第2页针线包里的那张照片上

侗族刺绣用的剪纸

节日盛装的绣片，贵州省黔东南州榕江县乐里镇

折纸针线包的两个基本构成元素

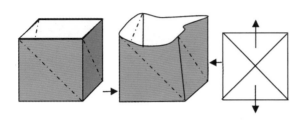

扭折的口袋

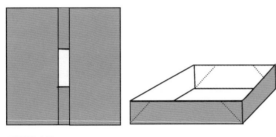

可折叠的盒子

扭折的口袋

○ ○ ○ ○ ○

扭折的口袋呈无盖箱形，由一整条狭长的长方形纸折成。它有两个不同的折痕。当对角向内挤压，口袋就被收起来叠平。当把相对的两侧轻轻一拉，就可以打开它。因为折叠的时候像扭转了一下，所以称为"扭折"。

可折叠的盒子

○ ○ ○ ○ ○ ○

把一张长方形的纸经过一系列有特定顺序的折叠、裁剪和黏合而制成。几种不同尺寸可折叠的盒子组装成一个针线包。

众多的折纸针线包就是由以上两个基本元素构成的，即扭折的口袋和可折叠的盒子，只是大小和排列顺序不同。

一个有15个隔间的针线包（如第2页图所示），有11个可折叠的盒子，能够沿着纸的折痕被平整地打开和合上。每一个盒子都是分开制作的，然后分层有序地粘贴在一起，以便抬起上面一层时可以连带打开下面的一层，如第5页的图所示。

最上层的4个口袋被称为"扭折的口袋"，它们必须能够单独打开，在合上针线包之前必须同时折叠收起。在基本格式的基础上，不同的地区和民族，会有大小、结构、材质和装饰风格不同的折纸针线包。

用纸做成的扭折口袋，在日本作为盛放硬币的零钱包出售。在摩洛哥，同样的零钱包是用皮革制作的。据我们所知，只有在中国，这样的扭折口袋与折叠盒子组合起来，主要用来存放针线。

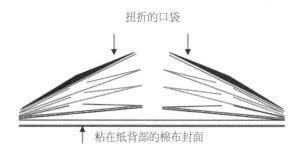

扭折的口袋

粘在纸背部的棉布封面

折纸针线包打开状态的截面示意图，该图说明了扭折的口袋和可折叠的盒子
如何排列和连接在一起的，以便能逐个提起打开

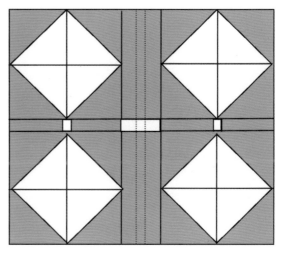

有15个隔间的折纸针线包内部布局，4个菱形所示的是4个扭折的口袋

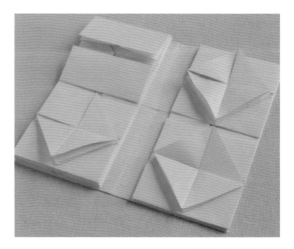

制作过程中的折纸针线包

贵州省的折纸针线包

尽管纺织、蜡染和刺绣的女红传统广泛分布于整个贵州省，在苗、侗、水、瑶、彝、布依族等少数民族间沿用，但似乎折纸针线包只在该省的某些特定地区使用。刺绣用具的不同，取决于地理位置、族群以及这些少数民族的生活与汉族的接近程度的不同。例如生活在西部山区的少数民族，位置偏远、与世隔绝，甚至有人生活在赤贫之中。他们的传统纺织工艺以织布、靛蓝染色和蜡染为主，罕见刺绣。折纸针线包并未在毕节市、遵义市、六盘水市和黔西南布依族苗族自治州等地区发现。这些地区随处可见大小不同、形状各异的篮子，小型的篮子用来存放珍贵的针线活计。

安顺屯堡位于贵州省中西部地区，创建此处的"老汉人"（屯堡人）于明朝（1368~1644）时期由当时的都城南京迁移至此。他们保留了方言，穿着特殊的服装。在过去，男人们熟练于使用综版式织机（也称"卡片式织机"），妇女们至今仍在运用中原的剪纸图样来绣制花鞋。虽然现在这里已经不使用折纸针线包了，但第120页图中制作精美的样本即收集于此地区。夹在里面的照片为本书英文版出版后继续开展的折纸针线包相关研究提供了线索——这个在贵州省售卖的针线包实际上来自云南省。我们曾经以

此推断折纸针线包是一项源于汉族的传统技艺，后来被一些少数民族所沿用。虽然最终证实了在安顺市售卖的针线包并不是本地的屯堡人制作的，但是大量的汉族地区针线包的发现有可能证实了我们最初的推测。

在以刺绣精美著称的黔东南，一些地区曾经使用过折纸针线包。许多苗族和侗族的支系沿河谷而居，这些河流向东汇入长江，向南延伸至珠江，这里有着肥沃的土地，比起黔西南更适合人们居住生活。这里的少数民族与汉族尽管相对独立居住但还是有不少往来。于是，他们学习了汉族的许多技能，包括用剪纸图案代替在绣面上描图来刺绣的传统方法。虽然有些村庄比较偏远，但是据说侗族比其他少数民族更早地汉化，是因为他们与汉族人交易木材。正是在这些地区，特别是黔东南州榕江县、从江县和黎平县及其周边的侗族聚居区，发现了制作复杂、装饰精美的折纸针线包。

在偏远的贵州省东北部，苗族也长期与汉族接触。最初苗族妇女们学会了刺绣，后来一些苗族人变得富裕起来，进而去效仿汉族人的生活方式和穿戴等，也有可能学会了汉族的绘画方式。

屯堡妇女在制作传统绣花鞋，贵州省安顺市平坝县天龙村

历史溯源

由于种种原因，追溯折纸针线包的历史是非常困难的。首先，纸张比其他材质更容易老化，同时，频繁的使用使针线包磨损得更厉害。

尽管在中国古代墓葬中发现了许多精美、历史悠远的文物，其中也包括缝纫用具，但并没有关于折纸针线包的相关证据。例如，在20世纪70年代挖掘的著名的马王堆汉墓中，有"针衣"出土。还有一个问题就是由于苗族和侗族没有书写文字，所以缺乏历史文献记录。

博物馆藏品未能推进我们的研究，因为就连专业的民族博物馆也罕有折纸针线包的收藏。据我们所知的只有两例，一个由贵州省的曾宪阳收藏，另一个在云南省昆明市的云南民族博物馆。由此可见，折纸针线包这项特殊的民间艺术一直被忽视了。

因此，我们研究的识别要素很大程度上以针线包本身及其所容纳之物为依据。我们根据结构类型、装饰风格和民族对其进行了分类。一些样本中包含手稿、纸样、印刷品、照片和绣片等有价值的线索，但其中包含的信息并不是一目了然的。

例如中国传统的书写方式是自右向左竖着读的，这可以成为一种装饰特征，但精准翻译不大容易，因为每个汉字的词义和语义会根据上下文的不同而发生变化。此外，在20世纪50年代汉字简化之后，汉字改为从左往右书写，而不是从右往左书写。一些样本上的旧体书法很难解读。但是可以根据简繁字体大致推断出是20世纪50年代之前还是之后。

报纸是另一个信息来源，因为它常被用来剪成做鞋和刺绣的纸样而被保存在针线包里。偶尔留有发行时间的报纸就会显示这个针线包的使用时间。做针线活的妇女们还会把家庭照片和针线存放在一起，也为我们的研究提供了有用的信息，发型或服饰，可以帮助我们识别民族和推断时间。虽然在针线包里发现其他物品是令人兴奋的，但却要谨慎对待——因为这些"线索"有可能是纺织品售卖者为了让东西更好卖而加塞进去的，这就非常具有误导性了。

在扭折的口袋里保存的龙胆紫染料给这个针线包的纸张染上了颜色，购于2006年"姊妹节"，贵州省黔东南州台江县施洞镇，科比·厄斯金（Cobi Erskine）收藏

在市集上售卖的破损的老折纸针线包，贵州省黔东南州凯里市，2009年

另一个信息来源就是折纸针线包内部的装饰。如在第112~119页的针线包内描绘的服饰特色和装饰细节与云南省的花腰彝支系有关。第84页的"龙书"是另外一个例子：传统的蛇形龙和鱼的图案已被升起的太阳和向日葵所取代。

虽然我们找到了一些晚清时期中国北方的折纸针线包样本，但在这一阶段，我们在贵州省还没有发现任何一个早于60~80年前的折纸针线包样本，但实际上，刺绣等女红技艺在贵州传世的服装实物中的应用要比这个时间还早得多。因此，我们认为折纸针线包也是女红传统的一部分的假设也是合理的，但它的发展历程还尚不清楚。在中国汉族家庭中，折纸工艺是一种常见的消遣方式。宋马英（Maying Soong）在其1948年首次出版的《中国折纸艺术》（*The Art of Chinese Paper Folding*）一书中回忆道："当我还是个小女孩的时候，我妈妈教我，就像她妈妈教她一样——如何用纸制作玩具。"一个悬而未决的问题是，这是否可能是折纸针线包传承和发展的途径？

地貌

　　我们的研究始于贵州省，它位于亚热带地区，大部分陆地是海拔超过500米的石灰岩高原。直到近期，深谷和山脉依然阻碍着贵州省和周边省份的交通。如今，道路网的改善使少数民族和汉族之间的联系更加密切，为当地人民创造了许多新的工作机会，旅游业也有所发展，这也促成了少数民族传统生活方式的诸多变化。

梯田，贵州省黔东南州黎平县

喀斯特石灰岩山脉，贵州省安顺市紫云县

横跨北盘江峡谷的现代公路桥，贵州省

油菜地，贵州省安顺市

村落

今天，即使在偏远的村庄，卫星天线和移动电话都是很常见的，电视对传统乡村生活有着重大影响。许多年轻人选择外出打工，不仅是为了增加家庭的收入，也因为电视广告宣传的现代城市生活方式对他们具有很大的吸引力。这个趋势在村子里流行的"去广州"一语中便可知晓。

侗寨鼓楼，贵州省黔东南州黎平县肇兴镇

苗寨，贵州省黔东南州台江县

侗寨风雨桥，贵州省、广西壮族自治区交界处

有卫星天线和新建鼓楼的侗寨，贵州省黔东南州黎平县

节日盛装

照片中的女孩都穿着她们传统的节日盛装。在过去，女孩要从母亲和祖母那里学习必要的女红技能。今天，国家对所有适龄学生普及九年义务教育，使她们有资格求学就业。将大量的时间、精力用于学校的功课和普通话的学习，女孩们没有更多的时间去学习织绣技艺，掌握这些技艺的人如今也越来越少。为了吸引游客，节日服装仍然在村子、主题公园和剧场等旅游景点穿用。但大多是由还会这些技艺的年长妇女们制作，还有一些地区，会直接从配备了现代化缝纫机的工坊采购成衣。

穿着现代服装的苗族姑娘，衣服用买来的面料制成，以前是穿百褶裙，贵州省铜仁市松桃县，1999年

穿着节日盛装、围着刺绣围裙的苗族姑娘，贵州省黔东南州台江县，1992年

苗族节日盛装，贵州省黔东南州榕江县，1999年

穿节日盛装的姑娘和妇女，贵州省黔东南州台江县，2005年

迎接客人的侗族姑娘，贵州省黔东南州从江县，2005年

过去，传统服饰是日常穿着，尤其在婚礼、节庆、过年等重要场合。如今，它们是用来吸引游客的。这一页上的所有照片都展示了村民们盛装迎客的场景。

欢迎访客的侗族乡亲，贵州省黔东南州榕江县，1999年

僳家传统服饰，贵州省黔东南州凯里市，1989年

鲁思·史密斯和苗族妇女们，贵州省黔东南州凯里市附近，朗德上寨，2005年

书和篮子
○ ○ ○ ○

侗族妇女使用平装书来存放刺绣片、线和剪纸图案，其他缝纫工具放在一个
篮子和一个纸板箱里，贵州省黔东南州黎平县肇兴侗寨，2010年

折纸针线包不是唯一的用来收
纳线和其他扁平物件的东西。平装
书和旧课本是比较普遍的替代品，
如今仍被广泛使用，这些都是现成
的，又便宜又实用。线、纸样和小
物件可以安全地夹在页面之间，较
大的物品通常放在篮子里，如本页
图片所示。

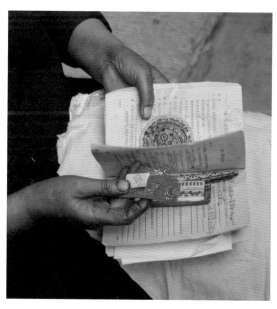

侗族妇女的书和夹在书中的绣片

针筒和布袋

○ ○ ○ ○ ○

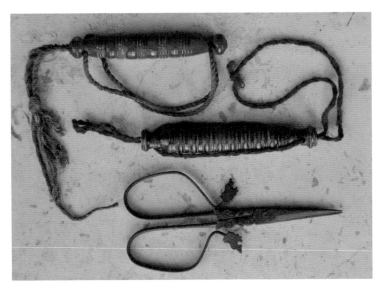

典型的针筒和古董剪刀，贵州省

上图显示的针筒是由两个空心的竹管制成的，一根竹管正好套在另一根里面。连接两段竹管的是一根10厘米左右长的加捻棉绳。针是昂贵的，所以在贫困地区，人们一次只买一根而不是一包。妇女们把针藏进头发里，用头油保持针的润滑，这也是常见的保护方法。

布包也是实用的针线活计收纳物。下图中的布包是由一个十五岁的侗族姑娘做的。它是由两个长方形的布片简单缝合而成；包的后片较长，其上边缘镶缝着典型的侗族经锦（经线显花）织带。使用的时候把整个布包绑在腰上，看起来像个大口袋。包的前片由几片十字挑花的绣片拼缝而成。中间一片更像是一系列图案和汉字的刺绣样本集合。双喜图案的四周有"侗族迎春"字样。两侧的绣片似乎是制作者在布的边角上练习不同的十字挑花图案，并尝试设计不同配色的边框。布条各置一边利于制作者在一个角落里拼接不同的十字绣图案以及尝试用不同的颜色包边。这个包包有可能是一个年轻女孩儿正在学习刺绣或是织布的习作。

侗族布包，27厘米×42厘米，贵州省黔东南州黎平县，2009年，吉娜·科里根收藏

水族妇女在市集上卖绣花鞋和围裙、围兜的剪纸花样，以增加收入。贵州省
黔南布依族苗族自治州（以下简称"黔南州"）三都水族自治县，1997年

这些图中的剪纸是用于刺绣或蜡染的图样。制作刺绣时，把它们贴在织物的表面，然后覆盖破线绣或其他装饰针法，剪纸会永久地成为绣品的一部分。同时，剪纸也被用来作模板。汉语词典里夹的剪纸是传统的蜗旋纹，用作画蜡时的参照。剪纸历史悠久，可以追溯到五世纪。在唐朝（618~907），汉族妇女用剪纸装饰居室，特别是在过年的时候；到了宋代（960~1279），剪纸被用作刺绣花样；到了明朝（1368~1644），剪纸被用来装饰农家的窗户和墙壁。

贵州省和云南省的少数民族学会了为刺绣图案制作剪纸，并且会将纸样保存好。剪纸金贵，需要平整地保存。它们经常出现在折纸针线包里，以及像本页所述的这些平装书或旧课本里。对于农村而言，在书被轻易获得之前，纸质针线包很有可能已经成为收纳用具了。如今，装饰居所和用作刺绣的剪纸仍在农贸市集上售卖。

《农业经济与技术》期刊1986年第4期，水族妇女用来存放围兜和鞋子的剪纸花样，18厘米×26厘米，贵州省黔南州三都水族自治县，吉娜·科里根收藏

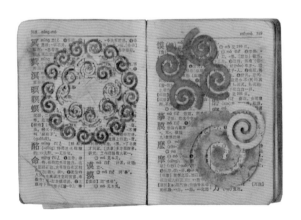

《汉语词典》，夹着蜡染图样，9厘米×13厘米，僳家人使用，贵州省凯里市麻塘村，2008年，吉娜·科里根收藏

这本书里所存的物件（如第23页所列清单），是第13页图片中贵州省黔东南州榕江县的节日盛装刺绣所使用的材料。在这本书里发现的三张划痕明显的照片底片，显示这本书的主人很可能是一个苗族女孩儿，她梳着这个地区典型的发式。

《苗族诗词选》（苗语拼音），13厘米×18.5厘米，贵州省凯里地区，1992年，吉娜·科里根收藏

物件清单

两片用于围裙上的绣片半成品（见第13页图示服装）

三张照片底片

一块未染色的丝棉

几块染成各种颜色的丝绵

染色蚕茧

一绺用于制作刺绣缠线的黑色马尾（马尾绣）

一组丝线

探寻黎平县针线包
2008年

2008年，吉娜到贵州省黔东南州黎平县进行了一次特殊的访问，调查这一地区的传统折纸针线包。这部分内容是她的个人发现。

一座侗族风雨桥，完全由木头建造，没有使用一颗钉子；村里的老人们聚在这里，坐着聊天、抽着烟，贵州省黔东南州黎平县

侗族针线篮子里的一个扭折的口袋，一个行将消逝的手艺的幸存者，贵州
省黔东南州黎平县西迷村

2008年5月，吉娜试图在贵州省南部的侗族和苗族村寨搜寻折纸针线包，这些地方的织绣传统被较好地传承了下来。在贵州省的少数民族地区旅行，即使使用普通话，也会遇到一些问题，因为侗族和苗族有自己的语言，即使他们说汉语也是用不同的方言来表达。吉娜离开黔东南州黎平县后，驱车向北行驶了6个小时，沿着种植水稻的梯田河谷，穿过沿途分散的村庄，通过一条狭长的尘土飞扬的小路，曲折地爬上一座小山，终于来到了谷底以上的尚重镇岑门苗寨。

吉娜一行人在苗寨中见到的当地人有的穿着传统服饰，有的穿着西式衣服。十几岁的女儿特地穿上了她在歌舞表演中穿的传统节日服装，这是她母亲景有九（音）做的，因为女儿和其他女孩一样上学念书，所以并没有学会缝纫和刺绣。吉娜问景有九，

景有九（音）与她的家人和朋友们，景有九穿着传统裙子和围腰，搭配一件粉红色的现代毛衣，照片中有三位妇女留着这个地区的传统发式，贵州省黔东南州黎平县尚重镇，岑门苗寨

她把绣线和花样放在哪里，令吉娜吃惊的是，她拿出了一个用得很旧的折纸针线包，她是用在市场上买的本地纸做的，但由于没有工具，所以无法用复杂的图案装饰。

不幸的是，饮酒、吃饭和谈论地方事务，都由男性主导，关于针线包的进一步讨论被中断了。当地人在接待外国人访问的时候，针头线脑不会被列入日程。

景有九的女儿穿着妈妈制作的节日盛装，所戴的银冠和项圈是由本地工匠打造的

周边村寨

景有九（音）和她的针线包

景有九和邻居一起展示她们的刺绣技艺

景有九经常使用的针线包以及里面存放的东西

第二天，吉娜离开尚重镇，驱车前往一个海拔800米的侗族乡。透过一扇开着的门，看到一个女人在传统的编花辫凳上打花带。她有一个装满刺绣物品的竹篮，上面是单个的扭折口袋，图案简单，类似于在尚重镇看到的（见第25页）。

她说，虽然这个地区的侗族妇女仍会制作针线包，但是现在很少有人特意去做，因为用塑料袋装东西更方便省事。

然后，吉娜一行人参加了婚庆仪式，他们和穿着传统服装的客人一起走到新郎村的宴会上。

吉娜继续搜寻，参观了黔南州长顺县新寨乡的瑶村，在那里遇见了戴国美（音），她是一个七十多岁的瑶族妇女，大约六十年前她做了自己的针线包（见第104页）。

即将播种水稻的水田，贵州省黔东南州黎平县尚重镇西迷村

侗族婚礼队伍，未婚女孩在左列，已婚妇女在右列，贵州省黔东南州黎平县尚重镇西迷村

吉娜参观的最后一个村子是地扪侗寨。她来到了村民们自己造纸的地方，两位年长的妇女领着她参观了典型的木结构房屋，指出鼓楼和风雨桥（见第24页）。她们给吉娜看了一些很老的针线包，说是纺织品商人和外国人买走了所有的针线包。在2008年的这次旅途中，曾与吉娜交谈过的所有妇女都说她们自己做针线包。

然而，一位来自贵州省黔东南州黎平县的教授向吉娜保证，针线包是由男人做的，他们也做竹制的针筒，作为礼物送给情人。由此可见，在贵州省的这一地区，男女都会制作针线包的手艺，但在其他一些地区要么只有女人做，要么只有男人做。

2009年，吉娜再次访问地扪侗寨时，看到了两位老年妇女制作针线包的方法（见第60~63页）。第二年，一场可怕的大火烧毁了村子，在路上吉娜遇到了逆境中坚强不息的妇女们，她们做了新的针线包来售卖。正是在那个时候，她们告诉吉娜，20世纪60年代的时候，她们跟两个来访村子的男人学会了这门手艺。今天，她们将这个传统手艺传承了下来，展示给来侗寨的游客。

典型木结构房屋，贵州省黔东南州黎平县地扪侗寨

穿着传统常服的地扪侗寨妇女，贵州省黔东南州黎平县地扪侗寨

造纸工坊，贵州省黔东南州丹寨县南皋乡石桥村，2008年

出售自造纸张的侗族妇女，贵州省黔东南州黎平县地扪侗寨

材料和技艺

这一部分介绍了制作折纸针线包所需的材料和技艺。所涉及的工艺包括造纸、纺织、靛蓝染色和折纸，以及雕版印花、绘画、书法和剪纸等装饰技巧。

在阳光下晾晒的单张纸

造纸

制作针线包的基本材料是手工纸。手工纸很容易得到，因为曾经有一段时间，造纸工艺在贵州省和中国其他地方的河边村落很常见。当地市场会提供殡葬用纸、书法用纸、艺术品用纸、妇女需求用纸和村落日常用纸。纸是由许多不同的纤维制成的，桑科构树的树皮最受青睐，因为经过捶打后，它的纤维很容易分离松散。今天，这种类型的纸张仍在小型工坊中生产；一些村庄也在造纸，在那里更多的是单张纸。本节中的照片拍摄于贵州省黔东南州丹寨县南皋乡石桥苗寨。

构树皮纤维被浸泡、软化和清洗，在将纤维进行蒸和捣之前，要将树皮杂质去掉

构树皮纤维被运往村子里

准备造纸纤维是一个漫长而费力的过程。树皮必须从树上剥离，浸泡在石灰溶液中，清洗并检查是否有残留的树皮，如果有就必须去除。然后将软化的纤维蒸熟，并用木槌敲打，最后才能将其放入水池中。这时候，在纸浆溶液中加入一种当地的仙人掌内所含的胶质，有助于增加纸张纤维的黏性。

天然纤维制成的纸张厚度和质感多种多样，这取决于它的产地和制作方式。高纤维含量使它非常耐用，经得起反复折叠，因此是制作针线包的理想选择。这种纸吸水性非常好，这可能是用于绘制图案的颜料有时会晕出轮廓线的主要原因。侗族经常在针线包的装饰区域涂抹桐油，起到增加强度的保护作用，类似于清漆，给纸带来一种泛黄的光泽（如第77页所示）。

将木框潜入纤维溶液来抄取纸浆，当木框抬起时，绝大多数水会流回池子

一摞湿纸张被重压在原木下，利用滑轮装置挤压以排出纸张中的水

从纸撂中分离单张纸，移到暖墙上烘干

纺织

棉布封皮
○ ○ ○ ○

在贵州省，一个典型的折纸针线包有一个靛蓝染色的棉布封皮，就像第45页照片中那样。封皮所用布料有从集市上购买的商业化生产棉布，也有村寨里织造精细的布料。根据染色过程的不同，颜色的深度也从中蓝色到近乎黑色，有时会用亮布。封皮也有用印花布的

（如第93页所示），偶尔用手帕改造而成（如第2页所示）。封皮可以用一整块布制成，也可以用碎布拼缝而成。

封皮是用调好的米浆粘贴的，有的大小完全适合纸张，有些需要将多余部分折叠到里面。封面没有

装饰，通常用手工织带缠裹，就像第45页的例子一样。末端可以留着穗子，也可以缀着旧铜钱或是流苏。一种更大、更精细的折纸针线包是用中国传统的线装书方法制作的，将靛蓝染色的布条盘成纽扣和扣襻固定，如第140页所示。

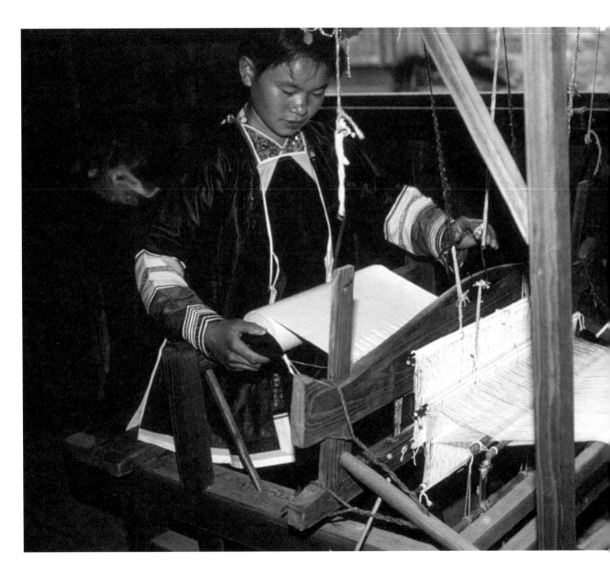

织棉布的侗族女孩，贵州省黔东南州黎平县，1990年

有一个特例很少见，是收集于贵州省安顺地区（实际来自云南省昆明市）的样本，封面由绿色和橙色布料制成，上面装饰有十字挑花图案（见第120页）。

另一种款式的针线包，据说由云南省花腰彝族制作，有一个标志性的红色棉布封皮，由绳子或带子捆绑（见第112～119页）。

典型的侗族针线包，靛蓝染封皮

经线显花织带细节，2.5厘米宽，2009年，吉娜·科里根收藏

靛蓝染色和制作亮布

下文的照片展示了靛蓝染色和制作亮布的一些工序，它们是用来制作针线包封皮所用的布料。布料会多次浸入染液，以获得所需的颜色深度。几个少数民族以闪亮的靛蓝染色服装而闻名，其光泽是通过捶打布料并将其浸泡在某种上光溶液中得到的。

添加石灰并搅动靛液，贵州省黔东南州黎平县肇兴侗寨

靛蓝染布

制作亮布

将布一遍遍浸入染缸中，以获得需要的颜色深度，妇女们戴上橡胶手套以免手和指甲被染成深蓝色

雕版印花

雕版印花在中国有着非常悠久的历史，是另一种民间艺术。在今天的村落里，它们也是一种常用而丰富多彩的装饰形式。南希·白玲安在她的《中国民间艺术》一书中提到，在农闲季节，经常会见到农民们聚在一起印制图像供个人使用。因此，在针线包上发现这项技艺并不奇怪。

本页上的两个图案已经被印出来，然后着色。从最左边的照片可以看到，印花对位在扭折口袋上，重叠到下面一层上，由此可见图案是在折纸部分完成后才盖上去的。四角的图案需要另外四块画板来完成。这种可以批量生产的印花技术，证明这种款式的针线包，不是仅仅一个人可以制作完成的。图案设计、

木版雕刻、对位印花和折纸的技能都是必需的。不幸的是，我们还没有找到用于制作这些图案的特定的木戳样本。

如下图所示的图案，特别是红色的盘长结，常见于针线包的印花装饰。

六种图案的木戳，4厘米长，来源不明，与1英镑作大小比对，2012年购于北京市，吉娜·科里根收藏

侗族针线包的雕版印花，贵州省黔东南州黎平地区，见第70页图

针线包的雕版印花，见第138页图

绘画

绘画艺术在汉文化中受到了高度重视，因此在针线包中运用绘画艺术不仅可以增加装饰效果，还可以提升成品品质。

通常情况下，彩绘装饰仅限用于针线包最外面一层。在花腰彝款式的针线包中（第112～119页），画着一些人物，穿着传统服饰，如下图所示，这些图画出现在折叠盒子的底部，先单独绘在更好的纸张上，再粘在适当的位置。典型的主题图案包括演奏弦乐器、做女红、伞下跳舞或站立、母亲哺乳等。图案边缘的鱼、鸟和花卉是另外的装饰细节。

这样的针线包可能是由多个人完成的。

云南省花腰彝针线包上的绘画人物

侗族针线包扭折口袋上的绘画图案

正在用毛笔画"农民画"的苗族妇女，贵州省凯里市铜鼓村（由当地官员介绍到该地区），1993年

剪纸

剪纸是常见的装饰方式，即使在非常拮据的家庭中也是如此，它被广泛用于刺绣中。但这种方法在折纸针线包中并不常见。2009年，笔者在博物馆见到过一个剪纸装饰的例子；2012年，又在北京市的一个市场上发现了另一个例子。

正在为刺绣准备剪纸花样的苗族妇女，贵州省黔西南布依族苗族自治州兴仁县

一些制作剪纸的工具，有刻刀、剪刀和锥子

装饰有剪纸图案的针
线包细节，说明牌标
注为"老物件，壮
族"，云南省民族博
物馆（云南省昆明
市），2009年

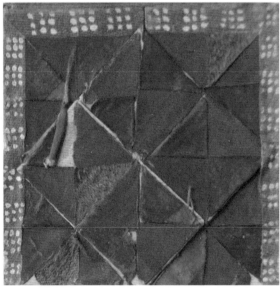

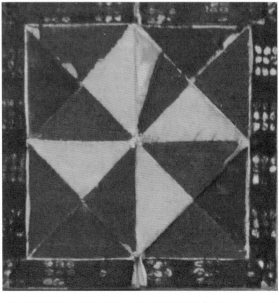

三角形布贴用画着白点的布条镶边，云南省花腰彝针线包（见第110～119页）

贴花

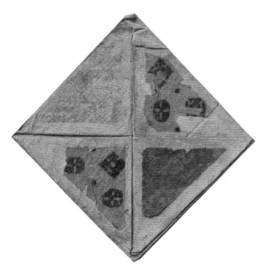

贴花是另一种针线包的装饰方式，它通常出现在有盖子的而不是扭折口袋的款式中。单色纸和花纸都可以使用，还有几种不同类型的薄布料。

扭折的口袋上装饰的三角形彩纸，上面有印花图案，侗族针线包，贵州省黔东南州榕江县大利村（见第91页）

带有刺绣的纸和布的剪贴（见第120页），马丁·康兰（懒猴纺织品）收藏

汉字书法，云南省，20世纪80年代

在中国文化中，书法艺术与绘画艺术并驾齐驱，只有学者和文人才能书会画。因为汉字不仅是一种交流手段，也是用来表达作者内心深处的思想和情感的载体，所以精确的翻译是非常困难的。题有汉字的折纸针线包很可能是男子的作品，因为在发现它的地方，农民妇女整体上都不识字。正如引言中所述，汉字在20世纪50年代进行了简化。字体可以为研究提供有价值的线索，以判断针线包的大概时期。有些针线包繁体字和简体字混用，表明了其大概时期在20世纪50年代左右。

针线包上的题字（见第147页）

汉族传统中关于春天的诗文（见第131页）

侗族针线包制作方法

2009年11月，在王军导游的帮助下，吉娜一行人观看了两次折纸针线包的制作演示。第一次是在贵州省黔东南州黎平县地扪侗寨，两个七十多岁的妇女用她们自己造的纸，展示了如何制作一个完整的针线包，那是在2008年，是吉娜第一次见到针线包的制作过程。据说制作针线包的技艺是当她们还年少时，从两个来访村子的男人那里学到的。

她们说，虽然地扪侗寨的男人们知道如何制作针线包，但制作者还是妇女们。第二次是在贵州省凯里市附近的一个博物馆里，由潘静观（音）演示制作过程的。

2010年，在黔东南州黎平县考察针线包时，吉娜参观了九潮镇的一个小作坊，在那里她看到了侗族"龙书"样式针线包的制作过程（见第72~83页）。作坊里的批量生产或许可以解释，为什么最近几年常常可以从经销商和其他销售点那里买到这种特定风格的针线包。本页图中做演示的手工艺者告诉吉娜，他受雇于这家作坊的老板。过去，他的爷爷常常在农闲季节制作针线包，然后拿到集市上去卖。

制作针线包的工作室，贵州省黔东南州黎平县九潮镇，2010 年

演示1：
黎平县地扪侗寨
2009年

把纸裁成制作针线包的尺寸

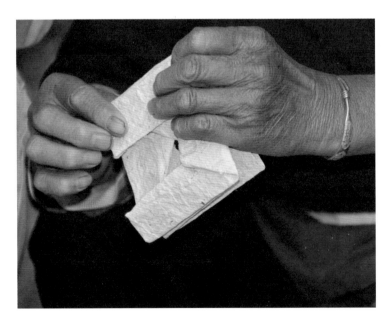

折叠盒子

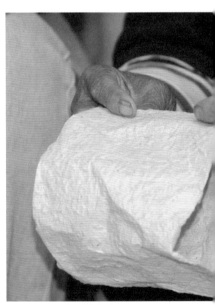

折叠还没有底部的扭折口袋

制作扭折口袋

　　妇女们从折叠一大张的纸开始，她们靠目测，不使用测量设备，一个人用剪刀，另一个人用小镰刀状的刀片，沿着折痕将纸裁切成一张张更小的纸张。然后从最大的开始，把这些纸依次折叠成盒子。

　　妇女们用她们的旧针线包作为参照，检查每个新作各部分的尺寸，并根据需要进行调整。我们很惊奇地看到，用来把盒子黏合在一起的是一个富含淀粉的根茎（魔芋），它是一种完美的天然胶棒。接下来，

她们用狭长的长方形纸制作扭折口袋，两端粘在一起形成一根管子，这个管子被压扁并折出四个面，这种方法折出了一个没有底座的口袋，如第60页的照片所示。一小块正方形的纸被剪掉以适应缝隙，并将其粘在适当的位置上。盒子和口袋组装好后，女人们给我们看了四个她们之前装饰过花纹的扭折口袋。蝴蝶、蜻蜓和花朵等传统图案，都用水彩笔画出了鲜艳而明亮的颜色，但她们对过去使用的着色介质也一无所知。

富含淀粉的根茎（魔芋）作为胶水，据说很难在附近的山上找到

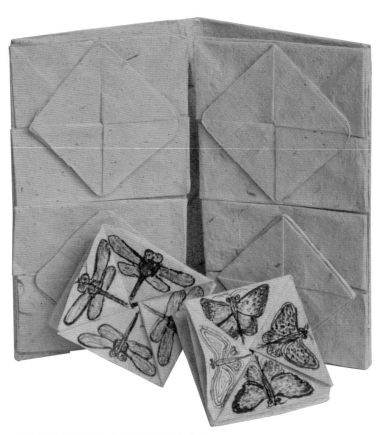

完成的针线包和这位妇女用水彩笔来装饰的扭折口袋

我们的翻译王军，与一名侗族示范者交谈，她正打开一个扭折口袋，里面装着几包针，那是来自西方的小礼物

演示2：
太阳鼓苗侗服饰博物馆
2009年

第二次演示是贵州省黔东南州从江县高增乡的潘静观（音）示范的，那里的传统是男人用手工纸来做针线包。潘静观向我们展示了制作折叠盒子和扭折口袋的过程，他用的纸比地扪侗寨用的纸更薄更光滑。他首先把一张纸折成四张，用他的拇指到食指的跨度再加上他的食指指尖到第二个指关节的长度来测量所需的长度。他用拇指指甲划出这一位置，剪掉多余的纸，然后把这些纸折叠成盒子。制作扭折口袋时，他把第二张纸折叠八次，形成三角形风琴褶，沿着折痕裁剪，然后用剪刀修剪并检查两侧的尺寸，用细黑笔勾勒出图案轮廓，再用毛笔蘸上广告颜料进行填充。

由于潘静观（音）只会讲侗语，所以需要两名翻译，一名是侗汉语翻译，另一名是进行汉英语翻译的王军。通过他们的翻译，我们了解到潘静观（音）从20世纪50年代就开始制作针线包，现在是他所在的村寨唯一会制作的人。他通过观看别人制作学会了这门手艺，并向我们保证这是男人的手艺，女人是不做的。在过去，他为年轻男子制作针线包，送给他们想娶的姑娘。他介绍说用构树皮作为造纸材料，用米浆解决黏合的问题。过去，他使用的是树脂制成的颜料和棕丝制成的刷子，但现在用的是广告颜料和传统的中式毛笔。

潘静观（音）用传统的中式毛笔写下自己的名字，我们看到他蘸着图中的广告颜料来装饰一个扭折口袋

折叠8个风琴褶，为制作扭折口袋做准备

制作扭折口袋

用毛笔给扭折口袋上色

折叠盒子的侧面

针线包的收藏

尽管吉娜从1987年起就在贵州省各地旅行，但直到1999年，她才注意到针线包。当时她拜访了黔东南州榕江县的乐里侗寨，那里仍然在使用针线包。针线包之所以没有在最初引起大家的注意，一种可能的解释是，旅行社告诉少数民族，外国人对节日盛装和织布、纺纱、染色、蜡染和刺绣等工艺感兴趣。因此，针线包和其他的女红用具就没必要展示出来。它们被当地人用来收纳纪念物和家庭证件，由于这些东西太具私密性了，也很少对外展示。

两位著名的纺织品收藏家菲利普·法丁（Philippe Fatin）和菲拉·麦克丹尼尔（Phila McDaniel）在20世纪90年代初获得了他们的第一批针线包藏品。随后几年，一小群美国人和欧洲人开始穿越贵州省，人们对这种民间艺术的兴趣日益浓厚起来，针线包开始在黔东南州黎平县和凯里市出售。有趣的是，很少有针线包出现在欧美国家举办的贵州省织绣展览上。有一个针线包的藏品出现在名为"针笔线墨"（Writing With Thread）的展览图录里，这是台湾收藏家黄英峰于2008年在美国夏威夷举办的纺织品展览。另一例是在"线与银"（de Filet D'Argent）的图录中，这是2004~2005年在法国尼斯举行的菲利普·法丁的纺织品和首饰展览。如第8页所述，在中国的博物馆中我们所知的针线包藏品仅有两例。

许多针线包的图片都是从贵州省的苗族、侗族和汉族的纺织品经销商那里收集的。另一个来源是云南省昆明市的云南民族博物馆，那里的博物馆商店由苗族妇女供货。常规上，经销商自己不会去村子里搜集针线包。因此，这些所售针线包的详细一手信息往往是缺失的或者是存疑的。还有一些样本是在黔东南州黎平县、榕江县和从江县的田野考察过程中获得的。

针线包的分类

在本书的以下几节中，我们根据以下标准对针线包的样式进行了分类。

▌民族
▌构成方式
▌装饰风格
▌地点和时间

例如，第70~71页上的前三个例子是侗族的。将它们分作一类是因为尺寸和结构上的相似，以及所用的雕版印花装饰手法，因此归类于"侗族样式：雕版印花"。在不确定或不知道针线包是哪个民族的情况下，按地点进行分类。如第96页的"肇兴样式"，肇兴是收集这个样本的地点。其他风格包括"线装书样式"，指的是构成方式；"八角星样式"描述了一种特别的折纸装饰；还有"晚清样式"则是与年代有关。

贵州省的针线包样式

笔者在贵州省发现了许多不同样式的针线包，侗族、苗族、瑶族人都使用过它们。从基本款、用了很久的、自制的针线包，到装饰丰富、制作精细的针线包，各式各样。就像其他类型的民间艺术一样，很多针线包的制作材料都是利用旧物改造的。有时使用旧包装纸和旧报纸，封皮是由碎布头拼缝而成的。但也有一些制作者使用了品质更好的材料，制作和装饰技术的差别也很明显，虽然有些做工欠佳，但是物尽其用。有些针线包里面藏着的物品，为研究提供了更丰富的线索，它们与其主人相关联，富含有价值的信息，可以帮助我们进行分类。

贵州侗族折纸针线包的三个扭折口袋

侗族样式：

雕版印花

很多"侗族样式：雕版印花"的样本来源于私人收藏。虽然这个样本是从云南省的博物馆商店买来的，但大多都是收于黔东南州黎平县或者凯里市的经销商。这个针线包与第2页的几乎一样，那是1999年从黔东南州榕江县乐里镇原主人那里买来的。"侗族样式：雕版印花"是经销商所提供的第一种类型，但是到2009年，它在凯里市的市场几乎消失了。

第71页展示了相似的样本，它们有着类似的尺寸和结构，但是在图案和颜色上稍有不同。可以看见中心的花朵被太极符号代替了。符号在中国艺术中代表着自然事物的对立统一关系，例如，男女、昼夜和天地。

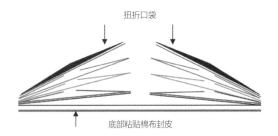

扭折口袋

底部粘贴棉布封皮

针线包，22.5厘米×26厘米，15个隔间，蓝染平纹棉布封皮，雕版印花装饰，购于云南省昆明市的云南民族博物馆，2009年，鲁思·史密斯收藏

针线包，22厘米×26厘米，15个隔间，蓝染平纹棉布封皮，雕版印花装饰。这可能是为旅游市场而制作的，因为它完好如初、没有使用的痕迹，里面没有收纳物，吉娜·科里根收藏

针线包，24厘米×27厘米，13个隔间，蓝染平纹棉布封皮；虽然这个样本与"侗族样式：雕版印花"很像，但它是手绘的，有可能是对一个印花样品的模仿。里面装着亮片（这个地域的服装特点）、织毛衣针和一些用旧的剪纸花样；贵州省黔东南州榕江县乐里镇，1999年，吉娜·科里根收藏

侗族样式：
经典“龙书”

"龙书"，之所以这么命名是因其特别的装饰与结构，与"侗族样式：雕版印花"截然不同。它们分两层打开。这种样式通常有龙和鱼的图案，折叠的中心部分装饰几何边框，风格化的鸟、花和虫。如下图所示，棉布封皮折叠并粘贴在针线包内侧，以保护纸质部分的边缘。

这种样式的针线包由19~21个盒子和口袋组成，如下图所示组合在一起，最底层通常有3个较大的盒子。

近年来，像这样的"龙书"已普遍售卖。2010年，我们看到一个小作坊在为旅游市场提供这类型的针线包（详见第58~59页）。

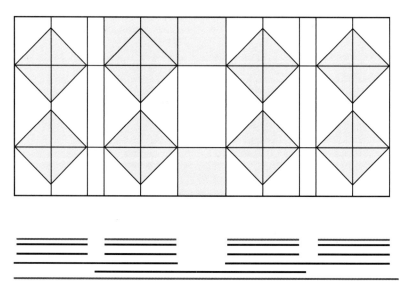

显示中心布局和构造横截面的示意图，贵州省黔东南州，2008年，吉娜·科里根收藏

完全打开状态的"龙书"，66厘米×27厘米，可以看到中心部分的折纸盒子和口袋

侗族"龙书"，这种样式的特征是：像书一样翻开，就可以看到龙和鱼的图案；
闭合状态：18厘米×27厘米，手工纸、手绘图案，21个隔间，黑色斜纹棉布封皮

"龙书"内的收纳物

有繁有简的汉字竖着书写的地址：榕江县炼铁厂，榕江县贯侗公社，龙图五区团心生产队

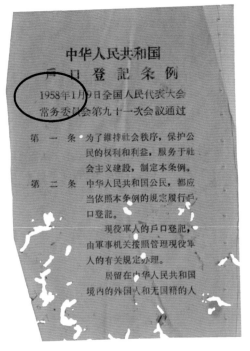

1958年1月9日通过的《户口登记条例》

这本"龙书"里收纳的东西为研究提供了丰富的线索，这些线索不仅有助于追溯它的由来，而且还标明了它的使用年份。包括显示着"1958年"字样的《户口登记条例》和制作鞋样的报纸上记录的事件。另外一项物品也指向20世纪50年代——一张小纸片上的手写字样是一个炼铁厂和一个公社的名称。这本"龙书"的出处也被炼铁厂的地址标定在"榕江"，鞋样上的印章证实了该少数民族为"侗族"。

从接下来两页中的龙纹和鱼纹图案，可以看到流行图样的重复，也可以看到技艺高超的中国传统临摹作品。

各式各样的典型侗族剪纸、碎布头、做鞋的麻绳、一把尖头木质工具、一颗纽扣和一颗暗扣

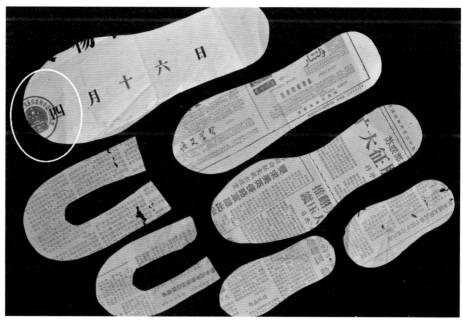

用省级报纸剪成的鞋样子

在汉族广泛流传的龙和鱼的图案被侗族借鉴

这幅龙纹图案与其他龙纹图案相似，该图中的龙头稍有不同，颜色也不一样，鱼的游动方向不同寻常，贵州省凯里市，2006年

这是一个典型的龙鱼组合图案的样本，用红、绿、黄和紫等色绘制，纸面因涂了桐油而泛黄色，贵州省黔东南州黎平县肇兴镇，2006年

该图案的颜色略有不同，2011年购于贵州省黔东南州台江县施洞镇的"姐妹节"，吉娜·科里根收藏

龙可以呼风唤雨、神通广大，鱼象征富裕和好运

第72页"侗族样式:经典'龙书'"的细节;在这个图案的右手边可以看到棉布盖住了下面的图案,由此看出棉布是在画好图案后加上去的

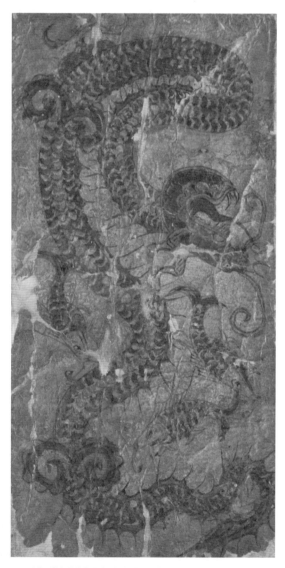

民间的龙只有四爪，跟皇家五爪的龙相区别，该图案没有刷桐油，贵州省黔东南州台江县施洞镇

另一种典型的侗族龙鱼图案刷了桐油保护着画面，但也使纸张发硬，很可能像图中那样开裂脱落，贵州省凯里市

侗族样式：

改良 "龙书"

这个针线包特别有趣，因为尽管它符合贵州省黔东南州榕江县的"龙书"针线包样式，并且有许多传统的图案元素，但这个这个样本中有几个图案发生了变化。共产主义的象征，如旭日东升、红旗、齿轮和向日葵，已经取代了常规的蝴蝶和花朵。

与大多数侗族其他"龙书"样式不同，可以推测这个针线包的时期为1966~1976年。

这是一个将民间艺术用来促进农村地区政治宣传的例子。从其他特征看，这是一个传统的针线包，它只有15个隔间、7个盒子和8个口袋。在里面找到的物品包括一个鞋样，几块丝绸面料和一些绣线。复杂的装饰是手绘的，没有刷桐油。第81页左侧的两张图片显示了针线包打开第一折时所呈现的手绘图案。

第83页的两张图片是针线包中心部分的细节。

打开第一折

完全展开，侗族样式针线包，15个隔间；闭合尺寸18厘米×28厘米；展开尺寸18厘米×68.5厘米，斗纹蓝染亮布封皮，机缝蓝染亮布系带，贵州省黔东南州榕江县，帕梅拉·克罗斯收藏

红旗、向日葵，这些取代了常用的蝴蝶和花卉纹样

传统的龙和鱼已被旭日东升、红旗等代替，右侧的向日葵代表"人民"，左边的玉米、茄子和南瓜代表"丰收"

作为中心图案的龙被升起的太阳取代，龙在这里成为边缘装饰

绿色的齿轮象征工人

侗族样式：

小镜片装饰

这个样式的结构、图案和小镜片的装饰，使其有别于前面的两个样本。经过对一些样本的研究，发现它们盒子和口袋的中心部分图案相似，但页面边上所绘的一位骑兵、一对年轻夫妇和一位古装人物（子路问津）的插图，为这件针线包增添了独特的魅力，也为它的年代和民族提供了线索。

上面的截面图显示了针线包的构造。它并不是每个部分分别制作然后按照特定的顺序分层组合在一起，该款针线包是由两段折纸制成的，沿顶部和底部边缘有 3.5 厘米的折边。每段折纸构成一个完整的盒子和两个一半的盒子。在此之上，附有四个长方形的盒子，每个盒子上有两个扭折的口袋。巨大的中心盒子是分开制作的，粘贴在两侧狭长的盒子里层。像"侗族样式：经

靛蓝染亮布封皮针线包，19个隔间，4页绘有图画，闭合尺寸：12厘米 × 23厘米，贵州省凯里市，帕姆·纳伊多夫斯基收藏

该针线包上的小镜片装饰

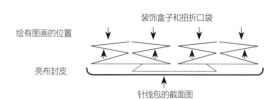

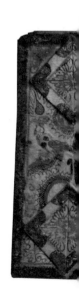

典'龙书'"一样，这类针线包可以层层展开，如本页插图所示。

该样本的图案用粉色和紫色精细绘制，并勾勒极细的黑色轮廓线。白色颜料用于在边缘部分创造出错综复杂的小螺旋图案。纹样包括风格化的蝴蝶和鲜花。在最左边的盒子中央可以看到一条龙，龙眼是用小镜片镶嵌而成的；在最右边的盒子对应的地方可以看到一只有异国情调的鸟。这种在印度织物上更加常见的小镜面，常常附着在一小张纸上并粘贴在图案的底部。

箭头所指的是盒子下面的人物图案位置

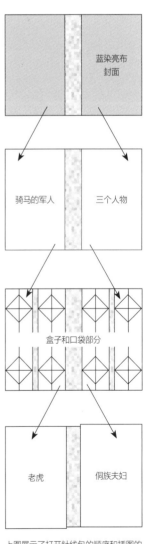

上图展示了打开针线包的顺序和插图的位置

这幅图画的大概是一个骑马的民国军官，作为一个受过教育的人，他在他的族群内应该会受到极大的尊重

身着传统服饰的侗族夫妇

该针线包上的汉字繁体简体混合，有可能制作于20世纪50年代左右，当时推行简体字，但其仍在被逐渐采用的过程中。如上面的右图所示，两个身着典型侗族服装的农民，在干农活儿。左上图中骑马的军官，人物已褪色模糊，无法准确识别其身份。然而，有趣的是，在"针笔线墨"的展览图录里展示的针线包也有类似的人物形象。在装饰风格和颜色搭配上也有相似之处。

目录所列样本的出处为贵州省黔东南州榕江县。

事实上，我们已经研究了几个这种类型的针线包，结果表明它们是另一种截然不同风格的幸存样本。

第88页中的照片是侗族地区许多风雨桥和鼓楼上的彩塑以及节庆中使用的纸扎游龙，均与针线包上的龙形图案有着相似之处。

左：典型侗族农民穿戴的男子；右：子路问津

侗族鼓楼上带有反光镜的立体龙彩塑

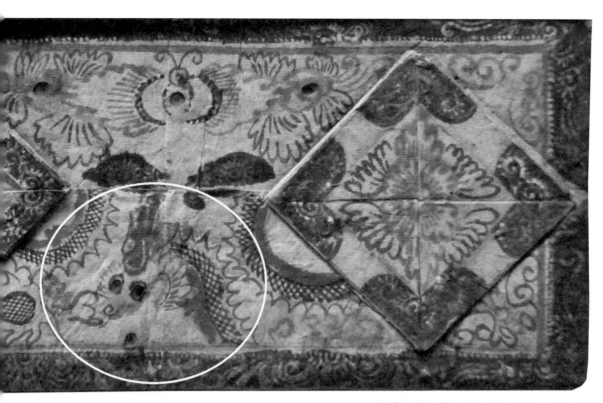

嵌有反光小镜片的绘画，装饰在针线包的盒子和两个口袋上

为庆祝新年排成一排的龙头，贵州省黔东南州黎平县隆里古镇

大利村的妇女和她的针线包

大利村型

尽管吉娜一行人在20世纪90年代多次访问贵州省黔东南州榕江县大利村，但看到的都是纺织和刺绣品。直到2009年，才发现有折纸针线包展示或出售，其原因可能是因为它们一直被作为私人物品使用着，极少对外展示。

该针线包是从上页图的妇女手中买来的。它有着靛蓝染青黑平纹布封皮，用当地产的纸做的隔间，上面画有花卉图案和回纹边框。中间部分的布局显示了结构上的另一种变化，当打开时可以看到三层。另一个几乎一模一样的针线包也是从大利村收集来的。

17个隔间的针线包，16厘米×27.5厘米，年久不用，打开的时候窜出几只蠹虫

里面收纳着一些剪纸花样，其中一个用类似帆布的面料剪成，鲁思·史密斯收藏

虽然这款针线包与前一款收集于同一时间同一地点，但其结构更接近于"侗族样式：雕版印花"。虽然封面不是用蓝染布做的，但它由两种印花布拼接而成，一种是花卉图案，另一种是充满童趣的小动物图案以及反着书写的字母和数字。口袋和方形盒子上点缀着三角形的彩纸，上面盖有小图案，但大都已磨损，在纸张脱落的地方明显有一些针脚。现在仅有少数村民出售针线包，制作并使用针线包的传统并没有在村子里延续的迹象。

贵州省黔东南州榕江县大利村

封皮用两种印花布做成，其中一种是卡通图案，闭合尺寸
15.5厘米×30厘米

想卖掉自己母亲制作的针线包的年轻妇女

手工纸做成的有12个隔间的针线包，印花布封皮以及彩纸装饰，口袋9厘米见方，吉娜·科里根收藏

侗族样式：

车江镇型

左边的锁线将针线包的多层连接在一起

侗族针线包两个可折叠的盒子，闭合尺寸12厘米×23厘米，贵州省黔东南州榕江县车江镇，2011年，吉娜·科里根收藏

就构造而言，该页的样本很难被定义为一种样式。它是由一个老针线包的残件拼凑而成的，以保护其不再磨损老化。我们想在这个村子找一枚针线包，于是买到了这个样本。它由两页组成的封面和四个长长的盒子，沿着一边粗略地缝在一起，还有两个扭折的口袋如本页所示，下面的盒子已打不开了。照片显示了该针线包非常脆弱的状态——易碎的纸张已经褪色并沾有大量水渍。

两个扭折的口袋，与下面的盒子缝合在一起

这个针线包的正面和背面的两个人物图案特别有趣，它们清楚地表明了制作者的民族——包头的样式显然是侗族的。尽管这枚用线缝合的针线包是不完整的，也不是最初的形式，但精心绘制的蝴蝶、花卉和几何图案可以识别出它与其他几个样本是同源的。

贵州省黔东南州榕江县车江镇是最早向外国游客开放的地方之一，就在连接贵州省和广西壮族自治区的主干道附近。

针线包背面的侗族人物，右边有一条长长的黑线，这是各页缝合的位置 　　　　　　　左图所绘的传统头饰便是这个侗族男孩所戴的样式

肇兴样式

该页和下页的针线包只能按地点分类。这两款都很小，尺寸相似，都是2012年在贵州省黔东南州黎平县肇兴镇购得。该页上的样本有些特别，因为口袋是用一块精细的、织造均匀的布制作，还绘制了图案并进行了轧光处理。在这方面，它类似于第150~153页所示的两个中国北方的针线包，它们的封面都是用类似的布料制成的，不同于在贵州省找到的其他针线包。彩绘装饰做得很精致，每个口袋都有不同的图案。在口袋之间的中心区域又添加了单独的一张纸，上面绘制了另外三个图案。

11个隔间的针线包，蓝染平纹布封皮，19厘米见方的亮布口袋，中间部分是精心绘制的不同纹样，贵州省黔东南州黎平县肇兴镇，2012年

扭折口袋的彩绘细节，苏·莫利（Sue Morley）收藏

彩绘针线包布面封皮，19厘米×17.5厘米

用双层报纸做的口袋和盒子，精心绘制两个不同图案的口袋，贵州省黔东南州黎平县肇兴镇，2012年

这件小巧的针线包封皮和口袋上的图案肯定出自一人之手。封皮上绘制了生动的边框，填充蝴蝶和树叶图案，用黑色墨水巧妙地勾勒轮廓，并在其间填充了不同颜色。封面用的布料和第96页针线包的口袋用的布料相似，但没有轧光，不是亮布。在连接盒子之前，背后附着了衬纸，是由双层的报纸制成的，如左图所示。

苗族样式：

吴家寨型

该针线包有15个隔间，蓝染亮布封皮，闭合尺寸13厘米×23厘米

一位苗族妇女正打开她的针线包

这个针线包里装着数纱绣缘饰和制作上衣的拼条（见第100页的照片），还有纸样和丝线

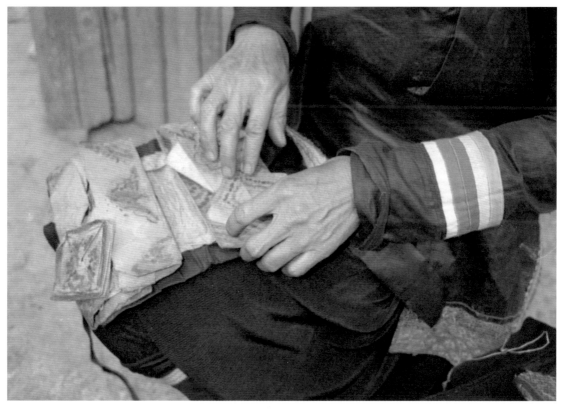

针线包内部彩绘细节——褪色的花卉和蝴蝶（或蚕蛾）纹样，贵州省黔东南州榕江县古州镇吴家寨，吉娜·科里根收藏

2009年，我们拜访了远在高山之中的贵州省黔东南州榕江县古州镇吴家寨苗寨。这里人们的穿着酷似侗族人，他们如今所穿的服装，制作工艺已经现代化，大部分刺绣都是用机器完成的，最后增加一些手工线迹，如右图的花边所示。

第99页所示的苗族针线包在结构上与"侗族样式：雕版印花"相似，只是图案是彩绘的，而不是印上去的（如第70~71页所示）。如今，这个村子里的大多数妇女都把线夹在平装书内。

在做针线活的苗族女孩

刺绣花边，数纱绣、破线绣，钉金属线，贵州省黔东南州榕江县古州镇吴家寨

穿着传统服装的苗族女孩们

75岁的瑶族妇女戴国美（音）和身穿现代节庆衣裙的亲戚在一起，贵州省黔东南州黎平县九潮镇新寨村，2008年

瑶族样式:

新寨村型

在2008年拜访偏远的贵州省黔东南州黎平县九潮镇新寨村时,吉娜见到了左边照片中的戴国美(音)。这次见面很有意义,因为这让她有机会与这位瑶族妇女谈论她的刺绣工具,戴国美向吉娜展示了一件大约在60年前她15岁时制作的已经非常脆弱的老针线包。里面收纳着纸样、绣线和一张珍贵的照片,照片中有她的丈夫(前村副主任,现在已经去世)、她丈夫的两个兄弟和其他家庭成员。她的针线包有深蓝色的布封皮,里面的口袋简单地装饰着彩绘的、形式化的花卉(见第104页图)。戴国美说针线包都是由女人进行制作的。她还解释说,新寨村不是她们最初的家。20世纪50年代,政府把这些瑶族人从黔东南州从江县迁到土地更肥沃的此处。这个事实很有趣,因为我们知道从江县也有制作针线包的传统。

2010年从贵州省黔东南州黎平县九潮镇新寨村收集到的另一个样本,收纳着以下个人物品:

- 黎平县政府于1994年10月25日发行的粮票
- 500元押金条
- 200元借款收据
- 购买粮食种子的收据
- 1995年12月10日已偿还银行贷款的收据
- 一张天宫图
- 一幅鞋样

戴国美（音）的丈夫、她丈夫的两个兄弟和其他家庭成员

戴国美（音）在20世纪40年代末制作的针线包

照片显示了这枚瑶族针线包非常脆弱和残缺不全的状态。它整体是由两层纸制成的，表面的纸要薄得多，里层的纸更厚、更硬。口袋和盒子的中间部分装饰着花卉图案和吉祥符号（暗八仙）。也有几个身着服装的人物形象，如第106页图所示。它们被画在非常薄的纸上，并在针线包制成之后添加进来，画作技艺精湛，可能是专业画师的作品。

11个隔间的针线包，13.5厘米×27厘米

完全打开的针线包，可见中间的折叠部分，贵州省黔东南州黎平县九潮镇新寨村，2010年，吉娜·科里根收藏

彩绘人物形象

虽然下图所示的非常精美的剪纸花样是在针线包内发现的，但很可能它们与今天的新寨村人所穿的衣服没有任何关系。这个村庄有一个由专业乐师、歌手和舞蹈演员组成的剧团，他们在贵州省各地演出，因此他们的服装会有所改动以适用于戏剧和展演。

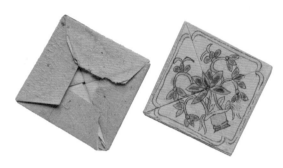

扭折口袋的两个视图：一个是其待粘贴固定的底部，另一个是正面完成后的状态

针线包里发现的剪纸花样

典型的少数民族村落，云南省

云南省的针线包样式

2009年，贵州省凯里市的纺织品经销商又推出了另一款针线包。它比之前的款式更小更结实，而且因为它包裹了红色封皮而与众不同。红色的使用可能意义重大，因为在中国文化中，它总是与好运和婚庆联系在一起。这种样式最显著的特点是其内部装饰可以直接与该族群丰富的刺绣织物相关联。

马丁·康兰将这种样式归为"花腰彝"或"花带彝"，这是生活在云南省、毗邻贵州省西南部的一个少数民族支系。右图展示了这种样式的针线包彩绘装饰与该支系彝族人佩戴的美丽刺绣腰带之间的相似之处。9个一组的白点，模仿腰带上的白色针脚。传统的"花腰彝"服饰也是这种针线包的装饰风格。

刺绣细节

模仿刺绣的手绘缘饰

彝族传统刺绣腰带头，云南省

花腰彝样式:
彩绘人物

　　与以往的大多数样式相比,该样式的针线包用纸更厚更硬。每个部件都用布条或彩绘纸条包边,增加了强度和质感。当针线包被打开时,所有隔间的边缘都呈现出色彩缤纷的花边,黑色的轮廓画得非常随性。第一页和最后一页绘有花鸟,一些页面和底层的隔间则描绘了日常生活中的人物和场景。服饰均画得非常细致。

有9个隔间的针线包,14厘米×18厘米。红色斜纹棉布封皮,橙色丝绸里子内衬,缀有流苏绳带,云南省文山壮族苗族自治州(以下简称"文山州"),购于贵州省凯里市,2009年,吉娜·科里根收藏

在一个规矩的边框里画着"喜鹊登梅"，边角的图案类似剪纸

身着传统服饰的彝族夫妇以及两个背着孩子正在插秧的彝族妇女，可以看到孩子的头上有遮阳物

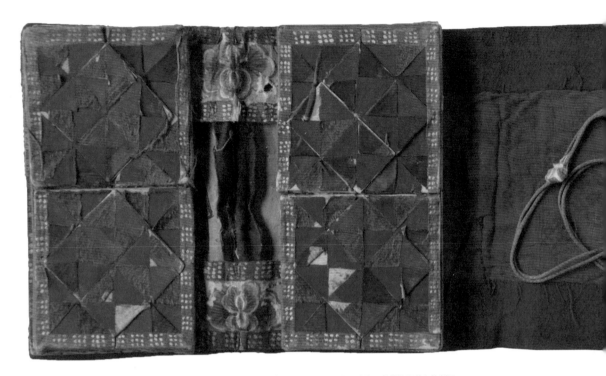

中心部分展开是4个方形盒子，上面装饰着红蓝两色布料拼贴的小三角形，边缘是画有圆点的布条，以模仿服装上的刺绣

上图所示的彝族针线包的结构也不同于其他样式。首先，它有夹页也有折叠的隔间；其次，封皮是缝制的，而不是粘贴的。线迹要穿过封面盒底层的纸，然后与放在针线包内侧中央的一个布条缝合加固（见上图针线包中央的紫色布料）。折叠部分有一个大的盒子底座，两侧各有两个长方形盒子和正方形盒子。顶层的正方形盒子是通过菱形的盖子打开的。就像云南省彝族的针线包一样，该样式针线包没有扭折的口袋。

两名彝族女子穿着传统服装打着遮阳伞；一名女子在缝纫，一名男子在弹奏月琴，这些人物形象被放置在与前几页相似的边框内

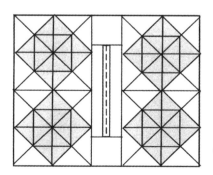

针线包内部布局和横截面示意图

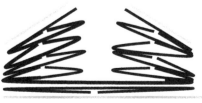

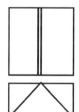

菱形装饰粘在盒子的外缘上

花腰彝样式：

有趣的收纳物

11个隔间的针线包，16.5厘米×12厘米×3.5厘米，6张插画夹页，来自云南省，收集于贵州省凯里市，2011年，吉娜·科里根收藏

此例的构造与"四季颂"一例相同。它有红色棉布封皮，内衬淡蓝色布料，附一条红色缎带绑绳。制作的纸张可能是某种包装纸，双层使用以更加坚硬而结实。在第一页和最后一页、盒子的侧面和底部隔间的中心，装饰着简单的花卉形状，像是用粉色和绿色模版印刷的。先在薄纸上稚拙地画出人物形象，再被剪下并粘贴到适当的位置。该页所示的图片中，有一对紧挨着站立的夫妇，还有一名男子在演奏弦乐。相比之前的样本，该针线包夹页绘画的技巧和细节欠佳。打开四个盒子的正方形顶盖都是用纸板制成的，上面装饰着蓝红两色的棉布和印花布剪成的三角形；交角处涂着白点。一条粉红色的布条也被涂上了白点，用来给盖子包边。

中心部分的折叠盒子，在里面找到的绣片和选民证

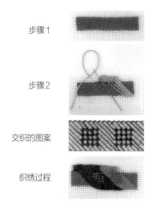

步骤1

步骤2

交织的图案

织绣过程

边缘所用的织绣技法示意图［选自《中国西南苗族刺绣》(*Miao Embroidery from South West China*)一书第46页］

针线包中收纳的织绣边缘样本

　　该页的照片展示了这个针线包中收纳的物品。其中包括花腰彝腰带上所用的刺绣样本以及具有该支系民族特色的剪纸花样。一些剪纸上戳有小孔，可能标记了它们被钉在织物上的位置，并被用作拷贝图案的模板。在针线包里面还发现了一些亮片和两根生锈的针。

　　右下图是三张选民证。它们记录了在1992年11月30日，赵家的成员去投票，包括一名60岁的女性，两名年龄分别为67岁和25岁的男性。这些选民证表明，这个针线包可能是在20多年前使用的，它不仅是用来存放针线和绣样的，而且还用于保管个人纸质票证。

花腰彝剪纸花样

选民证

花腰彝样式：

庆祝成为母亲

该针线包上面有许多妈妈和婴儿的照片，似乎是对女子升级为母亲的庆祝。在图中左侧可以看到一张从杂志上剪下来的胖乎乎的洋娃娃图片。除此之外，它在大小、结构和红色棉布封皮上都是典型的花腰彝风格。这个针线包的衬里是一块织有蓝色细条纹的黑色布料，绑带是用三股丝线编结在一起制成的。

针线包的中间部分，有四个正方形的盖子，就像前两个例子那样的装饰风格，打开即是折叠的盒子，在底层隔间底座的边缘可以看到印花和手绘的细节，那里藏着一张剪纸花样

7个隔间的针线包，14厘米×17.5厘米×4厘米，翻开前面的几页有各种各样的装饰，收集于2011年，据出售者说来自云南省的彝族

图中是手绘的母亲和孩子的形象，并添加了杂志的剪贴画；从中间红色的布条可以看出缝合封皮和底纸的线迹，以进行结构上的加固

该例的构造虽然与之前的两个彝族针线包非常相似，但因其独特的装饰方式而被收录进来。它对母亲和婴儿的描绘非常突出，杂志图片以剪贴簿的形式被运用，以强调主题。本页上图的两个人物被画在大隔间的底纸上，一个背着婴儿，左手举着遮阳伞，右手拈着一朵花；另一个人面朝第一个人，正在给她的婴儿哺乳。

其他人物，有奏乐的、跳舞的和缝纫的，其姿态与另一枚针线包中的人物相似。此处未展示的还有一条大鱼、一只蝴蝶和一只老鼠的图片，以及一只山羊、一对鸟和两只啮齿类动物的较小图像。

妇女穿着传统服饰，边绣花边跳舞

彝族样式：
精细刺绣

彝族样式针线包，21厘米×31.5厘米，19个隔间，刺绣封皮，收集于贵州省安顺市（实为云南省昆明市使用），马丁·康兰（懒猴纺织品）收藏

针线包内的相片和医院门诊券

独特的橙色和绿色封皮上，用十字挑花八角花，周围环绕着极小的卍字纹

　　收藏家马丁·康兰从贵州省安顺市屯堡人那里收集到了这个针线包，这是一枚极富吸引力的样本。它做工精美，与其他款式有着显著区别：尺寸大很多，没有扭折的口袋，带有由绿色和橙色布料制成的刺绣封皮。

　　从第122页的照片可以看到，十字绣的边框和八角花图案装饰着封皮内侧。折叠的盒子是用一种硬挺的手工纸制成的，所有的边缘都用浅蓝色的布条包裹一道窄边。折叠的盒子共有16个正方形的盖子，每个盖子上有一个开光❶，里面镶嵌着一枚精细的绣片。角隅部分用色彩鲜艳的纸和布剪贴后填充，开光的边缘用金箔纸勾勒。

　　上面的照片可能显示了这个针线包的最初所有者，但也无法证明。然而，它可以告诉我们，照片中的家庭足够富裕，可以支付照相馆的费用。照片中的妇女和孩子穿着民族服装，这种款式的衣服并不是屯堡人的。男子穿着军装风格的制服和军鞋，这在20世纪60年代的中国很流行。

　　上图中的票据是云南省昆明市昆华医院的门诊券，但针线包是在贵州省安顺市收集的，这令我们倍感困惑。幸运的是，在后来的调查过程中，我们发现了更多这一类型的针线包，并证实了它们来自云南省昆明市的彝族。

---

❶开光：我国传统装饰技法之一。即为使器物上的装饰变化多样或突出某一形象，往往在器物的某一部位勾勒出某一形状的空间，其内饰以图纹。

除了折叠的盒子，这个针线包还有风琴褶折页，用来存放纸样和未完成的刺绣，这一部分的纸张是折起来的，这样就可以把物品塞进去

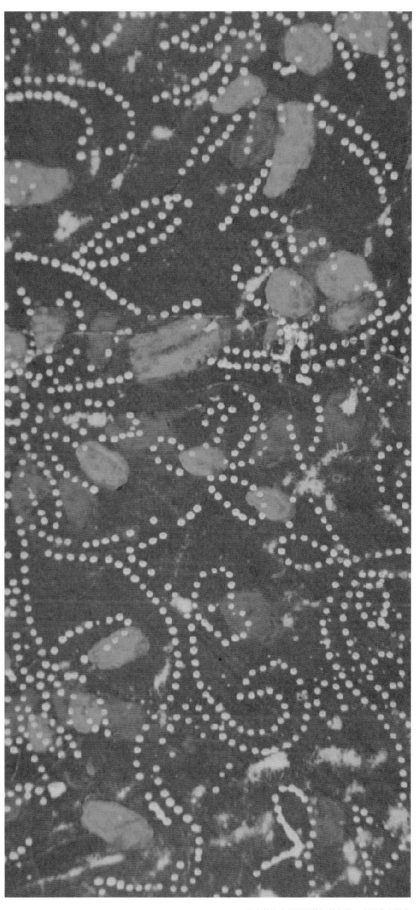

用来装饰盒子侧面的纸的细节，上面印有图案

可折叠的盒子中央部分的装饰细节，每个盖子7.5厘米见方，
两个盖子可以打开一个盒子，在其中一个盒子里发现了剪纸花样

这种样式的针线包开光中的刺绣图案，主要是花卉，但也包括蝙蝠（象征"福"）、人物和几何图案，它们就像微缩的刺绣样稿，也可能是练习缝制时的作品。它们是用丝绸碎片缝制的，可能是制作其他活计时剩下的边角料，从一两处露出的布边可以见得。这位刺绣者使用了长短针、十字绣和双针绣。

第二件该风格的针线包，也是马丁·康兰收藏的，除了开光处是带有图案的面料而不是刺绣外，几乎所有方面都与这个针线包相似。

线装书样式针线包，38厘米×28厘米，30个隔间，10组对页，素斜纹棉布封皮，贵州省凯里市，2009年，吉娜·科里根收藏

126

线装书样式的针线包

这一类型的针线包比其他大多数针线包尺寸更大，装饰也更精致。主要的不同之处在于，它们是按照中国传统的线装书方式装订的，除了折叠的盒子和口袋组成的中心部分之外，还有像书一样的页面。靛蓝染色的布做封皮，纸做衬里，页面装订后在书脊的部分用一根木条加固。在过去的六年里，这种款式已经少有出售。图示的样本设计特点各不相同，但无一例外出售者都说它们是来自云南省的，但确切的出处不详。马丁·康兰支持这一说法，并认为这种风格是壮族制作的（后来进一步的研究表明，这种样式来自云南省文山州丘北县的壮族）。

这种装帧形式明显受到了汉族的影响，我们认为它们可能是在少数民族与汉族生活和生产关系密切的地方产生的，少数民族模仿了汉族的生活方式。

一个扭折的口袋

四季颂

如上一页和下一页所示的针线包，有10组对页，用坚固的手工纸制成。图中显示了对页、可折叠的盒子和扭折口袋的典型排列方式。这些对页上装饰着色彩丰富的边框、题材和纹样，画在一张更细腻的纸上，裱在底纸上，并向内折叠。有些配有汉字和诗歌，突出岁月的变化。根据旧体字的使用可估计此针线包为20世纪50年代之前制作。

口袋和盒子位于针线包的中心。总共有13个折叠的隔间，每页有8个扭折的口袋，其下有7个盒子。口袋的最上面一层画得很漂亮，图案相似但不相同，左边的图案像是在方块中，右边的图案像是在菱形中，给人一种口袋大小不同的错觉。虽然传统的线装书的书脊在右侧，但这种样式的针线包并不总依照传统。布封皮通常延伸到书的正面，要么用传统盘扣和纽襻，要么用一段丝带、绳子或布条包裹起来。这种方式可以根据夹在页面中间的收纳物数量来进行调整放量。

探究这些针线包是在何处、何时、被何人制作和装饰的，那将是非常有趣的事情。

口袋中心部分示意图，以及这种样式针线包的横截面，可以看到折页如何排列

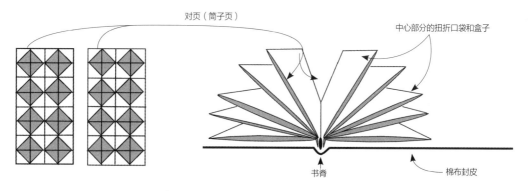

对页（筒子页）

中心部分的扭折口袋和盒子

书脊

棉布封皮

线装书样式针线包，38厘米×20厘米，13个隔间，10枚对页，黑色斜纹布封皮，贵州省凯里市，2009年，吉娜·科里根收藏

中心部分有16个扭折的口袋，每个都是9厘米见方，程式化的蝴蝶和花卉纹样适合在圆形、正方形和三角形的几何边框内

每一页都有一个居中的花卉图案，周边围绕狭窄的边框，上下留有较宽的带状纹样

整个针线包上面的绘画、诗歌和书法似乎都在反映和庆祝季节的变化。图案很少用于纯粹的装饰；有图必有意，通常潜在的主题，是用众所周知的符号来表达的，如用牡丹、荷花、菊花和梅花代表春、夏、秋、冬。本页所示的春花和成熟的梅树，都用诗歌来阐述；再如这枚针线包中的其他书法还描写了祥禽（仙鹤）、蜜蜂采蜜和山上青松。

黄梅四月熟成堆，庭前左右酸味来；北枝开南枝可对，红半西日照枝头

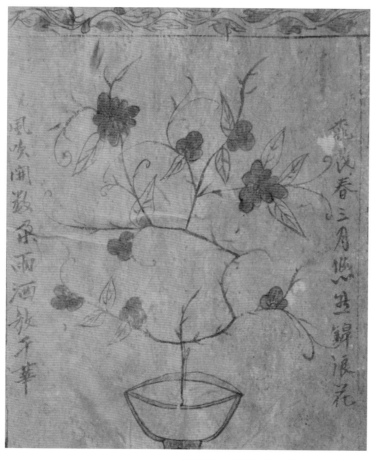

桃花春三月，悠然锦浪花，风吹开数朵，雨洒放千华

4个扭折口袋上的图案，每个口袋9厘米见方

这枚针线包的装饰图案看起来是手绘的，精细的黑色轮廓内填充了红色、紫色、淡紫色以及绿色。可以看到图案线条消失在书脊中，这表明这幅画是在将页面缝合在一起之前完成的。

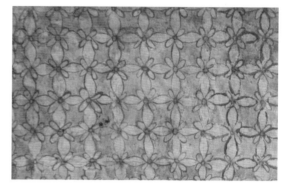

网格状边缘的两个细节

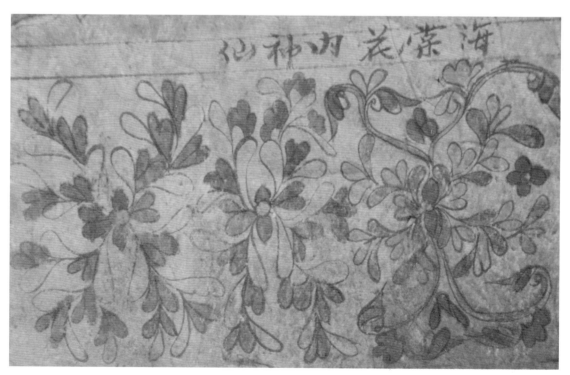

边框采用自由流动的花卉图案，文字为"海棠花内神仙"

线装书样式：

有趣的收纳物

这一例线装书样式的针线包在大小和结构上与前一例相似。它有一个靛蓝染色布封皮，10组对页，中间部分有折叠的隔间。它本来应该有16个扭折的口袋和10个盒子，但有几个口袋不见了。页面上还装饰着花瓶中的花卉图案，周围环绕着几何化、形式化的植物边框图案。可惜的是，中间部分和许多页面都染上了紫色染料。第135页的图片展示了口袋内和在页面之间发现的物品。目前还不清楚这些物品是否属于原来的主人。

收纳物清单

有线条的练习本上有两个写在纸上的生辰八字，一个是女孩陶素英1958年（她的出生年份），另一个是男孩的

一张写有毛笔字的手工纸

口袋里有成包的染料、针头和亮片

在书页之间，有一个可能是壮族的4厘米宽的刺绣花边。非常密实的锁绣针脚，包缠在极窄的金箔条外，呈卷曲的纹样，绣在蓝色棉布上

四片方形的蓝色棉布，上面钉着用亮布剪成的刺绣花样

扇形的棉布裱在纸上

贴在花呢面料背面的一块翠绿色的丝绸

一系列戳有孔眼的剪纸花样

各式剪纸花样

从该例的26个隔间中找出的收纳物，购于贵州省黔东南州台江县施洞镇，2006年姊妹节，科比·厄斯金收藏

线装书样式：
手绘花鸟图案

线装书样式针线包，典型的棉布封皮，10组对页，22个折叠的隔间，贵州省凯里市，2011年，吉娜·科里根收藏

两组花卉图案的细节，边角图案让人联想到汉族的云肩

这一例的显著特点是绘画的品质。每个页面被分成三个部分，用涡旋纹或几何纹的边框分隔。精美晕染的花卉图案包括牡丹、莲花和菊花，以及翠鸟、猫头鹰、乌鸦和仙鹤等祥禽。四角填充异国情调的蝴蝶图案和类似汉族云肩的如意纹。

已知这种样式的针线包有两个几乎相同的版本，一个如图所示，另一个是约翰·吉洛的收藏。这些绘画的风格和品质看似比较专业。也许它是商业作坊的产物，而不是民间手工艺品，但到目前为止还没有发现任何证据来证实这一观点。

另外两个页面设计的例子包括漂亮的晕染花卉，装饰性的边角图案

两组鸟的纹样细节

线装书样式：
印花图案

该例的中心部分，闭合尺寸26厘米×33.5厘米；小扭折口袋8.5厘米见方，大扭折口袋11厘米见方，购于贵州省黔东南州台江县施洞镇，2011年姊妹节，吉娜·科里根收藏

这一例的结构与此类样式的其他例子类似，书脊用一根扁平的木条加固。它有15个隔间，中间部分左侧有4组对页，右侧有3组对页。扭折口袋的大小不一增加了整体布局的趣味性。封皮也是由典型的平纹蓝染棉布制成。整个针线包的图案都是用模戳印花的方式，然后再手工上色。

里面的收纳物包括一个用蓝布剪出来的小饰边花样，一个很小的剪纸图案和一些用报纸包裹的龙胆紫染料。

边框的细节，清晰地展示了模戳印花的重复图案，注意在角落的图案并没有完全对上

線装书样式：
手绘和印花

这枚针线包的页面上画满了生动有趣的花鸟图案。与第130页花卉图案的页面布局相似，上、下留有较宽的带状图案。自由绘制的页面和用简单三角形装饰的扭折口袋之间，形成了巨大的反差，给人以视觉冲击。它们通过贯穿始终的配色方案联系在一起。

有趣的是，我们注意到用来装饰这个针线包的颜色和第138页的"印花图案"非常相似。

一张彩绘页面上的"喜鹊登梅"细节

线装书样式针线包，贵州省凯里市，2011年，格丽特·范德文（Grietje Van Der Veen）收藏

一个扭折口袋上的几何图案细节

线装书样式：
乡村生活场景

线装书样式针线包，闭合尺寸28厘米×40厘米，2012年购入，吉娜·科里根收藏

就题材而言，这款针线包与之前同类风格的例子迥然不同。尽管其构造非常典型——蓝染布封皮，中间是口袋和盒子，两侧有页面。然而，常规的程式化的图案已经被乡村生活的场景和自然气息的画面所取代，例如火鸡、母鸡、公鸡还有其他禽类。此针线包就像一本个人写生素描本，通过观察绘制图画，还在其间添加笔记。

线装书针线包的蓝染布缝皮，打开处用三枚盘扣固定

在稻田里干活的男人、茅草屋、提水的人、喂鸡的妇女，一幕幕日常生活场景被描绘于这件针线包之上。武装的士兵图画可能记录了一个惨烈的事件，但遗憾的是没有文字说明。20世纪50年代风格的汉字，出现在许多插图中，正如下图的第一张图片所示，图中文字为"秧田缺水，小秧晒死"。

两组对页上的四幅图画，既有乡村生活也有战争场景

刘伟（音）教授认为，下图的这个针线包上的书画技法很好，虽不是大师的手笔，但根据文字所表达的意思来看，这可能是一个读书人的作品。依据笔迹的风格来看，可能制作于20世纪30~50年代。

写着"吐绶鸡"，就是野火鸡，亦称"七面鸟"；其作者还说，其他地方也称为"肉好吃"

大字为"鸡"，小字写着"雄鸡会啼""母鸡会生蛋"

写着"鹌鹑又叫柴鸡""鹌鹑住在小树丛里""鹌鹑吃害虫和植物的种子"

与上一例颇为相似的是，用来装饰这个针线包中心
扭折口袋的几何图案与两侧页面上的插图形成了反差。
当扭折口袋相互穿插结合时，此处的效果就像一幅拼布
作品。每个口袋都被仔细地分成了多个小三角形，并涂
上了比页面插图鲜亮许多的颜色。

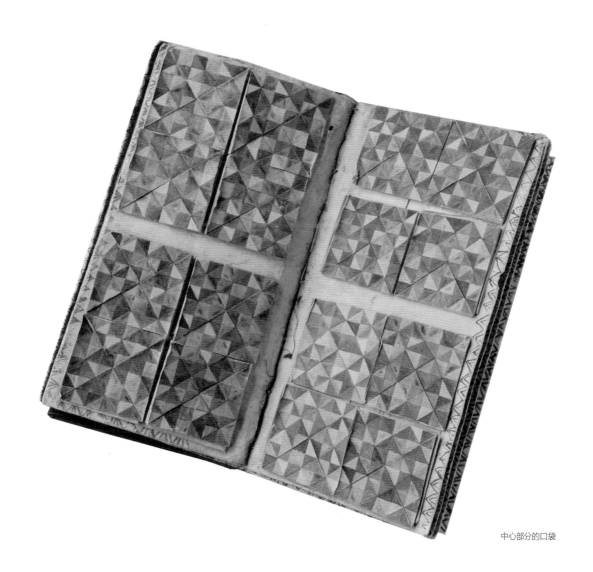

中心部分的口袋

"八角星样式：64个迷你口袋"的局部，贺祈思收藏

来自中国北方的针线包样式

针线包的应用传统似乎比我们最初想象的要广泛得多。2009年，香港著名的中国纺织品收藏家贺祈思将我们的注意力吸引到另一种针线包样式上来，这是我们在贵州省和云南省从未见过的。这些汉族使用的针线包样本是他在北京市购得的，据出售者说，它们来自中国北方的山西和山东两省。这种款式并没有扭折的口袋，而是在口袋上附有非常独特的星形袋盖，这也是我们为其命名的依据。我们在北京市发现了更多该样式的针线包样本，也被收入该部分加以说明。

我们花费了很长时间才摸索出折叠的步骤，这是复原这一精美的图案所必需的过程，它的艺术效果完全是通过折叠而呈现的。这是一个中国式折纸的例子，不用切割或是粘贴就可以成型。我们是在宋马英的《中国折纸艺术》一书中发现了这种八角星折纸。该书1948年在中国首次出版，20世纪60年代推出了英文版。

此部分还包括风格一致的三个样本，是吉娜在北京市找到的，我们认为这些样本可以追溯到晚清时期（19世纪）。

单个的八角星口袋

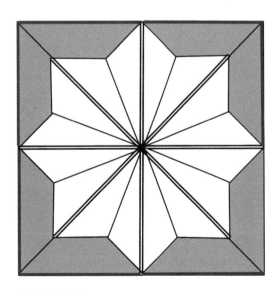

八角星口袋示意图

中国北方的八角星样式针线包的基本结构是可折叠的盒子，和贵州省、云南省的一样。但是上面的口袋截然不同，是比扭折的口袋更复杂的，需要多次折叠才能完成的独特八角星图案。

封面内侧可以看到精美的手书题字，是一名男子送给一名女子针线包礼物时的赠言，请求她永远珍藏。7月28日这个日期也被记录下来，但遗憾的是没有记录年份。这么看来，针线包有可能是一种爱的信物。

八角星样式针线包，13.5厘米×26厘米，7个隔间，由薄手工纸制成，蓝色丝绸封皮，上面印有花卉和蝴蝶图案，属地尚未核实，推测为山东省或山西省，贺祈思收藏

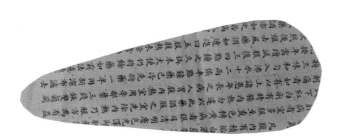

在该针线包中发现的旧报纸鞋样，上面的旧式书写表明，它可以追溯到20世纪50年代或更早

八角星样式：
拼布封皮

　　获知这个针线包的更多信息是因为它的主人是刘琦的姥姥。刘琦听姥姥说，她的大舅（妈妈的哥哥）在20世纪60年代制作了针线包的折纸部分。外面的封皮是姥姥在70年代缝制的（最初的封皮已经破损）。遵照典型的民间艺术传统，他们用的都是随手可得的材料——一个废弃的洋灰（水泥）袋子作为折叠部分的纸张，与家里剩下的色彩鲜艳的碎布头拼缝在一起制成了封皮。外面的绑带是用棉线简单加捻制成的，末端的铜片是姥爷亲手制作的，模仿了铜钱的造型。

　　刘琦认为，女人做针线包更常见。但制作折纸针线包的传统似乎在姥姥那一代人之后便日渐式微，因为她的母亲已经使用塑料盒收纳针线与纸样了。

　　与刘琦交谈时，在北京市建国饭店的一位厨师碰巧路过，这一页上的照片就是在那里拍摄的。他停了下来，一眼就认出了针线包，并说针线包在他的家乡河北省（离北京市大约400公里的地方）很常见，在农村，小麦面粉也被用作制作针线包的黏合剂（糨糊）。

八角星样式针线包，31厘米×30.5厘米，照片所示为封面和封底

八角星折纸口袋单元，15厘米见方

展开的针线包有4个八角星口袋，山西省，刘琦保管

八角星样式：
五福捧寿

第三个八角星样式的例子比前两个要精细得多，也更具装饰性。这个样本的八角星口袋要小得多，一共有16个，而不是4个。封面装饰有传统汉族纹样，采用了精细帆布质感的面料，一直延伸到针线包内侧，那里可以看出面料本来的橙色。外面经过打蜡的地方，颜色要深得多。从第151页的图片可以看出这个针线包的装饰特色——彩绘的口袋、五色的丝带以及装饰性的裱糊口袋内侧的衬纸（未显示出来）。对细节的追求和制作所需的技巧使这件针线包格外引人注目。比如，在手工纸上绘画需要相当的技术，因为这种纸张上色极快、很难掌控。

贺祈思的评论

针线包的封面是用经过打蜡的棉布制成的。这个图案很可能是先模戳印花后再手绘细节。图案是5只蝙蝠围绕着寿字纹。蝙蝠通常代表"福"。5只蝙蝠代表"五福"，即"长寿""富贵""康宁""好德"以及"善终"。

八角星样式针线包，13.5厘米×24厘米，有31个隔间，蜡图层棉布封皮，印花加手绘图案，推测为山西省或山东省，贺祈思收藏

封面中心细节图：五个蝙蝠围绕一个寿字，意为"五福捧寿"

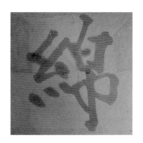

八角星折叠口袋单元，6厘米见方

在4个正方形盒子的底部，用红墨水书写着醒目的汉字"绵长福寿"

中间部分的八角星口袋和下面的可折叠盒子，盒子的侧边装饰着长条的丝织绦带（绦子边）

八角星样式：

莲花纹

在这个极具装饰性的八角星式针线包上，莲花围绕
寿字纹组成一个团形图案。中国人对莲花的一种认识
是，它出淤泥而不染，用来比喻在污俗的生活中保持纯
洁。这在很大程度上出自佛教的解释，一直以来为中国
人所信奉。

此外还有其他的解释，只有对中国文化和语言有深
入了解的人才能理解。

该例有31个隔间，闭合尺寸16厘米×31.5厘米，图为布制封皮的正背面，出售者确认其来自山西省，年代为清末，
2012年购于北京市，吉娜·科里根收藏

彩绘的装饰仅限于八角星折叠口袋上，在这个针线包之内，鲜亮的红色和蓝色星星在褪色的绿底色中显得格外醒目

该例封皮的帆布质感与上一例相似。上面也印有传统汉族纹样，中心图案较大，周围有边框和角隅图案。如本页图片所示，封面的莲花图案上添加的蓝色和红色色调，再次运用在内侧的八角星图案上。颜色运用均衡，并突出了八角星图案。八角星周围仍然留有已褪去的绿色痕迹，四角装饰着小如意纹。

八角星折叠口袋约为8厘米见方，一侧的口袋需上下打开，另一侧则左右打开。

八角形图案示意图

八角形折叠口袋细节，可以从中间的开口打开

八角星样式：
64个迷你口袋

这个非同寻常的小小针线包展示了其制作者的惊人技艺。闭合时只有21厘米×10.5厘米的大小，却拥有令人难以置信的111个独立的隔间。这个例子不属于实用品，它是一件微缩的艺术品。

除了尺寸小巧之外，这个针线包与其他样本最显著的不同之处在于，折叠的隔间位于封面上，它是内侧隔间外露的版本，必须翻开封面才能打开所有隔间。对页的图片展示了色彩缤纷的八角星折叠口袋，整体效果让人联想到马赛克或微型拼布。正如一英镑硬币显示的那样，每个八角星折叠口袋只有2.5厘米见方那么大，总共有64个。每个小口袋都是由一张长方形的纸制成的，折叠起来非常复杂，然后涂上颜色以突出图案。这枚针线包如此精美，让人不禁要问："它是用来做什么的？"前面的众多例子表明针线包是有实用性的，但相比之下，这个例子显得实用性较弱。事实上，它保存得相当完好，但并没有被用作收纳针头线脑。

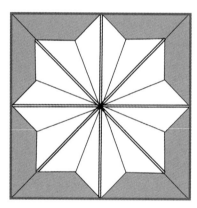

这个针线包的迷你八角星口袋的实际尺寸

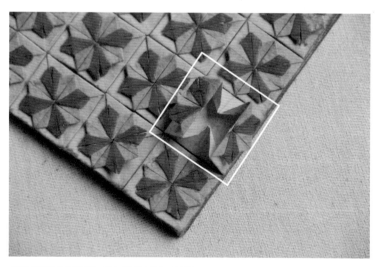

方框勾勒出的八角星口袋，只有2.5厘米见方，如图所示

也许它是由一位经验老到的折纸高手制作的，虽然是针线包的形式，但实际更是一份值得珍藏的礼物。其制作者不仅是一位折纸高手，而且是一个熟练掌握纸张特性的人，这样才能做得如此精细。此外，这个针线包所用的纸张的品质远比贵州省农村制作针线包的纸更加精细、更加光滑。

目前没有任何线索可以帮助回答由这个耐人寻味的样本引出的问题，希望将来还会有其他的发现，以推动进一步的研究。

这个针线包各层隔间的排列方式如下所列：

1. 顶层64个2.5厘米见方的八角星折叠口袋。
2. 32个2.5厘米×5厘米的盒子。
3. 8个5厘米×10.5厘米的盒子。
4. 4个10厘米见方的盒子。
5. 2个10厘米×20厘米的盒子。
6. 底层1个25厘米见方的盒子。

1英镑硬币

八角星样式针线包，10.5厘米×21厘米，111个隔间，展开显示封面和封底，据出售者所述，产地为山东省或山西省，购于北京市，贺祈思收藏

晚清样式：

汉族风格绘画

清朝（满族）：1644~1911年
晚清：19世纪

这个大容量的针线包与之前的款式有本质上的不同。从第157页的图示可以看到六个盒子分三层的简单布局。封面是将帆布裱糊在纸板上制成的，其上的装饰画被绘制在两张单独的纸上，之后粘贴在帆布表面。边框看似是印制的，瓶中花卉似乎是绘制的。这个针线包的底层是存放纸样和刺绣半成品的理想之处，而盒子更适合装线和其他物件，这是传统的汉族风格。

这些盒子也是用棕色卡纸制成的，四个盒盖上绘制着精美的粉色、黄色和绿色的四季花卉。盖子勾勒了黑色边缘。

晚清样式针线包，闭合尺寸26厘米×36.5厘米，6个隔间，由帆布和玉米纸制成，山西省，2012年购于北京，吉娜·科里根收藏

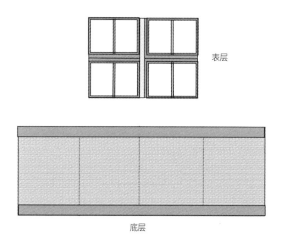

表层

底层

底层衬纸细节

　　上图显示了这个三层针线包的其中两层。顶层由四个盒子组成，将这四个盒子抬起来则露出两个长方形的盒子，再下面是底层的盒子。底层盒子内衬蓝色图案的纸，细节如右上角图片所示。帆布封面扣折过来包住上下边缘。

4个口袋的表层袋盖，中线处的衬纸破损严重

晚清样式：

牡丹印花布封面

从下面的图片可以看出这个针线包的复杂结构。口袋、盒子和风琴褶部分巧妙地穿插在一起。处处可见的印花，精美的插画、书法和几何图案，使这个针线包格外吸引眼球。第159页的图片展示了封面的细节，其图案是自然主义的牡丹，背景是紫色的八角形与小正方形相连构成的天华锦纹。盘长结位于每个八角形内。彩绘插图包括四幅鸟、两幅竹子和其他植物，以及四个点缀着鲜花和水果的汉字。除了一根生锈的针插入其中一个口袋外，里面什么也没有发现。

这个例子中的口袋类型在其他地方还没有发现，而且到目前为止，研究人员还未能复制其折叠方式。

敞开的口袋，13厘米见方，折叠的盖子上涂有粉色、蓝色和绿色的矩形和三角形

布制封面针线包，21.5厘米×30厘米，有24个隔间，包括表层的14个口袋，山西省晋中市平遥县，2011年，吉娜·科里根收藏

四幅精美的鸟题材插画之一

印花棉布封面细节，几何底上的牡丹纹样

四个勾边的汉字之一

晚清样式：
老商标纸

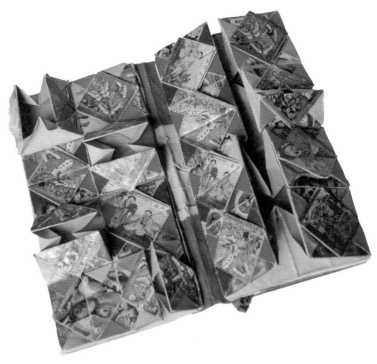

晚清样式针线包，红布封面，用色彩缤纷的老商标纸折叠而成，闭合尺寸 15 厘米 × 29 厘米，顶层有 16 个带三角形盖子的小口袋，如上图所示，贺祈思收藏

口袋闭合和展开的示意图

汉字"此靛真好，永不变色"

这个针线包不同寻常，可能是独一无二的，堪称一件精美的民间艺术品，与迄今所见的任何其他针线包都截然不同。它在结构上与其他样式一致，但顶层不是扭折口袋，而是由16个三角形袋盖的口袋组成，如第160页的图片所示。

贺祈思认为，这个针线包是用阿尼林染料包装袋上的装饰性商标纸制成的。这些染料是在德国生产，然后出口到中国，并在中国进行包装的。商标标签由德国制剂公司授权，包括法本公司（I.G. Farben AG）、拜耳（Bayer）和礼和洋行（Carlowitz）。在右上角的图片中可以看到法本公司的标志，是一匹黑马和一只可能是格里芬的红色动物。其中一些带有汉字的标签来自中国的染料公司（见左图）。德国

印有I.G. Farben（法本公司，全称为"染料工业利益集团"，即Interessen-Gemeinschaft Farbenindustrie AG）标志的德国商标纸

公司在第一次世界大战期间失去了亚洲市场，由此可见那些商标早于1914年。

想想看，收藏这些有趣的五颜六色标签纸的人是在什么情况下决定用它们来制作针线包的呢？这是一个耐人寻味的问题。不管那个人是谁，对图案和设计都很有眼光。普通彩纸折成的小三角强化了整体装饰效果的对比度，给人留下了深刻的印象。

用来做针线包顶层盒子的德国和中国商标纸，汉字"顶上靛青粉，鲜艳不褪色"

身穿夏装迎接客人的侗族姑娘，贵州省黔东南州榕江县古州镇车江侗寨，2009年

重拾传统

中国的偏远地区是神秘而令人着迷的地方，旅游业正在对少数民族地区的传统生活方式产生重大影响。一些村寨已经习惯于迎接游客，并用歌舞表演来接待他们。这样的场合为村民们提供了一个展示和出售手工艺品的理想机会，这是他们喜闻乐见的。原本纯粹自给自足的、做工精细的织物、衣裙、配饰和其他物品已经穿破、用尽之后，村民们就开始制作新的、更简单的来取代它们。表演时穿的服装正在加速变化，因为现在所谓的"传统服装"通常是由人工合成的、轻薄的面料制作的，还可以直接买到成衣，为了满足需求，自动化缝纫工坊也应运而生。但还是有一些地区的女孩们仍然以传统的方式来制作自己的节日盛装。

针线包要如何在这样的现状中找到自己的位置呢？与仍然在村落文化中扮演重要角色的服装不同，随着手工缝做的衰落，针线包已经变得多余。这一民间艺术传统属于那个刺绣技艺在生活中受到高度重视的时代。当女性的生活发生了变化，她们的关注重心也发生了转移。正如我们在引言中指出的，受过教育的女孩会说普通话，她们去了外地城镇工作，不再学习上一代人的手艺，在其他发展中国家也是如此现象。

这一部分的针线包实例说明，这一传统并没有完全丧失。在此情况下，也许旅游会对重拾传统起到积极的作用。著名的美国旅行家菲拉·麦克丹尼尔（Phila McDaniel）在1990年收集了她的第一个针线包，2011年，贵州省黔东南州黎平县肇兴镇的一位商人告诉她，这门工艺正在复兴。

有11个隔间的针线包，由厚厚的牛皮纸制成，上面用铅笔和黑色墨水画出传统纹样的边框和花鸟装饰图案，印花棉质封面，展开尺寸为19厘米见方；在这一"改良"版中，折叠盒子和口袋的纸张上做了标记线，并用胶带将口袋粘在一起，这个针线包刚刚做好就被买来了，贵州省黔东南州黎平县肇兴镇，2006年，吉娜·科里根收藏

火灾之后，地扪侗寨的妇女们在主干道上的一座风雨桥上开设了店铺，以
吸引对针线包感兴趣的纺织爱好者。贵州省黔东南州黎平县，2010年

用来售卖的针线包

这个针线包，跟第165页的例子一样，也是在贵州省黔东南州黎平县肇兴镇买到的。它是用传统的手工纸制作的，只有6个隔间和一个普通的黑色布套。装饰龙、凤、蝴蝶和花卉等传统图案，尽管绘制还算精细，但是排列相对简单。使用的颜色比较鲜艳，非常小心地进行了填色。与少数民族民间艺术中常见的四爪龙图案不同，上面的例子是五爪龙——象征皇权的帝王之龙。该制作者并没有在意这个古老的传统，尽管在旧时，描绘五爪龙是一种对皇权的冒犯。

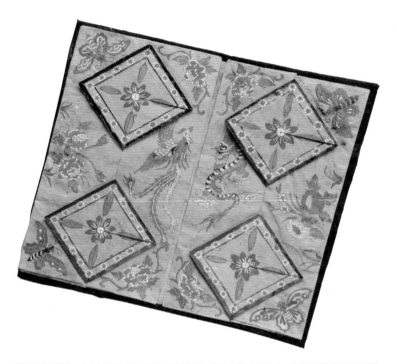

现代版的针线包，有6个隔间，32.5厘米×30.5厘米，每个口袋9厘米见方，贵州省黔东南州黎平县肇兴镇，2010年，玛德琳·伯吉斯（Madeleine Burgess）收藏

凤凰和五爪龙的细节图

现代版针线包完全打开后有15个隔间，21厘米×51厘米，手工纸封面，云南民族博物馆商店（云南省昆明市），属地不明，购于2009年，鲁思·史密斯收藏

这个现代版针线包的结构类似于第72~83页的侗族"龙书"样式。它是用厚厚的手工纸制作的，里面装饰得很鲜艳。口袋和盒子上的图案与更古老的针线包上的图案相似，但要简单得多，画工也欠佳。然而，正是这些生动而稚拙的虫鸟（如下图所示），才赋予了这个针线包独特的魅力。它显然是为了迎合市场需求而制作的，鲜艳大胆的颜色是为了吸引那些博物馆参观者。

展开一次的针线包，21厘米×27厘米，可以看到绘制着鸟和虫图案的边缘

其中两页插画

线装书样式的针线包，有装饰页面和折叠的隔间，2009年购于贵州省凯里市集市，吉娜·科里根收藏

这个针线包是2009年在贵州省凯里市的一个市场上售卖的。它的结构符合第126～143页所示的线装书样式。每一页都绘有鸟类、变形花卉和几何图案。中间的部分放置了两个不同尺寸的扭折口袋，这是一个不太寻常的有趣变化。

这个针线包的研究难点在于，没有关于其出处或民族属性的信息，无法核实它是何时何人制作的。也无法核实它是另一种遗存的样式，还是作坊里近期制作的。

令人振奋的是，一些博物馆、作坊和村庄正在保留传统技术，贵州省有许多专门展示少数民族服饰、纺织品和工艺品的博物馆。例如，在贵阳市，有一座现代博物馆，专门展示摄影师曾宪阳毕生收藏的少数民族纺织品。物品都被精心地陈列在光线充足的展柜里，还有一个手工艺互动活动区。在这些纺织品中，只有一件绘制精美的针线包。

另一个现代博物馆是贵州省凯里市的人阳鼓苗侗服装博物馆，它是由杨建红于2009年用个人和省政府的资金建立的。刺绣、腊防、剪纸和织布演示都是由顶级比赛获胜者在博物馆现场进行的。通过这种方式，为旅游业生产了高质量的纺织品。凯里市的一些村庄也得到了政府发展旅游业的支持。

诸如此类的计划对于过去那些非凡技艺的存活至关重要。折纸针线包的传统是否会出现在这样的项目中？时间会证明一切。

玻璃柜里绘制精美的针线包，贵州省贵阳市，2009年，曾宪阳收藏

刺绣和蜡染演示过程中保留的手工艺传统，太阳鼓苗侗服饰博物馆（贵州省凯里市），2009年

结束语

据我们所知，这本书是第一次对鲜为人知的中国民间艺术传统——折纸针线包进行记录和分类。虽然图片还不完整，但从我们收集的证据和信息来看，我们可以合理地假设这项传统是从汉族人开始的。他们熟悉传统的制书技术，许多人家也都喜欢折纸来消遣。虽然简单的纸盒制作是标准的折纸练习之一，但针线包的基本形式是如何产生的并不为人所知。在贵州省，这项工艺很可能是由居住在汉族附近的少数民族创造的，他们模仿了汉族的生活方式。正如我们所说，造纸在河边社区很常见，它是一种有诸多用途的基本商品，因此很容易被大众所需求。在这种背景下，折叠针线包因有许多隔间而成为了一个经济而实用容器，可以在其中分类整理和安全存放珍贵的线、针和纸样。基本形式可以很容易地进行调整——口袋和盒子的数量可增可减，可大可小，还可以加布套以提供额外的保护。

就像传统服饰的样式在偏远山区的孤立少数民族社群中独立发展一样，针线包的风格和装饰也可能被不同的群体所调整。这项手艺似乎在一些地方是男人所掌握，在另一些地方则是女人掌握；在某些地方，它们被男人当作送给未来妻子的礼物。

我们并不知道，这一传统是从什么时候开始的，在中国的分布有多广泛。我们发现的最早的针线包样本可以追溯到清末，大约有一百多年的历史，是汉族人制作的，来自中国北方。然而，贵州省最早的例子是少数民族制作的，可以追溯到20世纪50年代，尽管他们的刺绣

传统至少可以追溯到200年前。那么在20世纪50年代之前，贵州省是否存在折纸针线包呢？其他有趣的问题还包括：折纸针线包是中国独有的吗？它跟韩国、日本的折纸传统有联系吗？

通过写这本书，我们将目光投向鲜为人知的中国民间折纸针线包艺术，并希望更多的人关注和欣赏它。我们也希望这项研究能被其他人延续下去，希望可以发现更多关于这项迷人的传统工艺的故事。

使用过的旧针线包

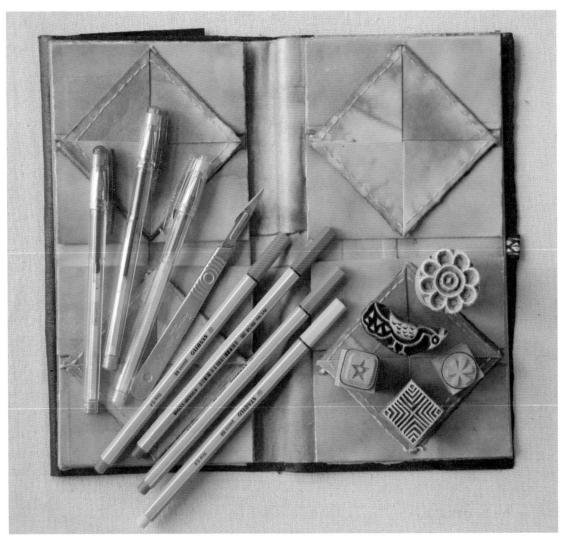

有15个隔间的"折纸秘密之书"，亮布封套，用壁纸衬里制成的盒子和口袋，用水彩和丙烯上色，口袋边缘用平缝线迹装饰，可以用各种上色手法添加装饰，包括马克笔、中性笔或小印章

鲁思·史密斯的第一枚针线包的构造和装饰（如第2页所示）引起了自己的兴趣，决定重新做一枚。鲁思花了一些功夫来计算尺寸，研究折叠步骤以及如何连接不同的盒子和口袋，最终的结果非常令人满意且着实有趣。她迫不及待地想尝试折叠不同类型的纸张，寻找封面可用的面料，探索可能的设计构思去进行装饰。从那时起，随着针线包新样式的亮相，更多的挑战随之而来。

学生们在露丝的"折叠秘密"工作坊学习如何制作针线包，这已经表明在英国有很多人对这些手工艺技艺有相当大的兴趣。人们并不是想用针线包来收纳针线，而是为了享受制作不同寻常的东西和规划各种装饰的乐趣，这才是吸引创造性思维的原因。

针线包有两个基本元素，即可折叠的盒了和不同类型的口袋，它们可以有很多种变化形式。从非常简单的卡片和装饰性礼盒，到有几个或很多口袋的书，都可以通过制作技巧实现。有口袋、书页和装订封面的册子特别适合制作剪贴簿、旅行日记或特别纪念册。所有这些不同样式的针线包都在露丝的四本"折叠秘密"项目手册中进行了说明，其中许多都是从本书介绍的针线包演变而来的。在此感谢中国原创者们的技艺和创造力给予我们的启发。

这一部分展示了几个在英国制作的"折叠秘密"项目，灵感来自于中国针线包和传统折纸技艺。

有5个隔间的"折叠秘密"小册子

有5个夹层的迷你册子，手工制作，用线迹和珠子装饰

这本"折叠秘密"册子是纸雕艺术家苏珊·卡茨（Susan Cutts）制作的，纸张是她手工制作的雁皮纸（一种高品质和纸）与芦苇纸，纸上的玫瑰图案是她的一幅摄影作品

这个工具包的三个盒子可以一次打开。封皮是用侗族蓝染亮布制成的，内衬和盒子是用手工构树皮纸制作的。这个工具包的装饰灵感来自于第120页展示针线包。没有用扭折的口袋，而是用有盖子的盒子，上面装饰着精巧的刺绣。用作边缘装饰及盒子内衬的花纹纸，上面的图案是扫描了贵州省毕节市大南山苗寨的一块蜡染苎麻布。在那里，这种面料被用来制作传统的百褶裙的裙边。

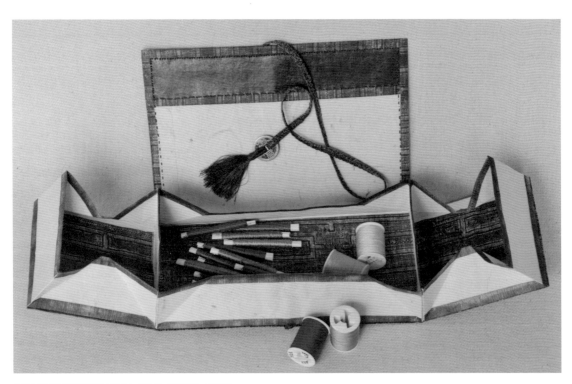

有3个隔间的"折叠秘密"工具包，闭合尺寸23厘米×13厘米

灵感册，有26个隔间和8组对页，32厘米×22厘米

以第126~143页的线装书式针线包为基础，这本册子既有书页也有位于中心的盒子和口袋。封面是另一款大南山苗寨的窄幅蓝染裙边。书脊是用红线按中国传统方式缝制的，古老的中国铜钱是封面的点睛之笔。采用了天然的洛克塔纸，因为它很容易折叠并且禁得起反复折叠。涂色的中文报纸形成的三角形为口袋增添了色彩和质感。像这样的册子可以用来记录节日或特别事件，它们是理想的剪贴簿或艺术家的设计簿。

用洛克塔纸（一种尼泊尔手工纸）制作的灵感册

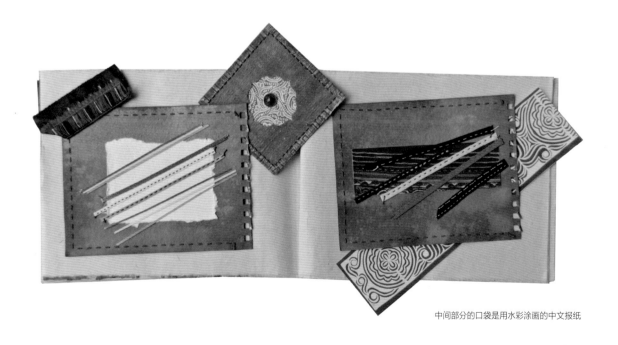

中间部分的口袋是用水彩涂画的中文报纸

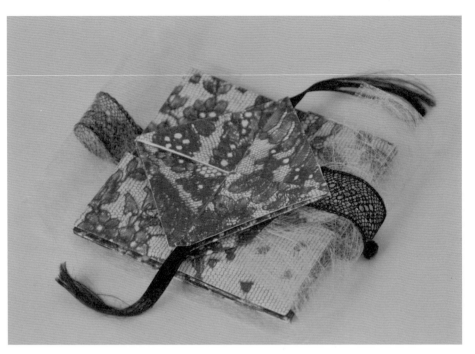

"秘密和惊喜"小钱包，12.5厘米见方，是蕾丝制造商庞贝·帕里（Pompi Parry）为参加2008年的国际比赛而制作

蕾丝图案纸被用来制作3个盒子和口袋，系有黑色缎带和银色唐顿蕾丝的银色纤维纸构成了封面，下面展示了用来制作蕾丝的图稿、别针和纪念版线槌

"折叠秘密"园丁手册，这是用来装种子包和植物枝杈标本的理想
容器，这些方形的盒子用来储存秋天收集的种子；由手工制作的洛
克塔纸制成，装饰灵感来自于常见草本植物的名字，盒子内侧排列
着"绳结花园"的图案，一枝干薰衣草装饰着封面

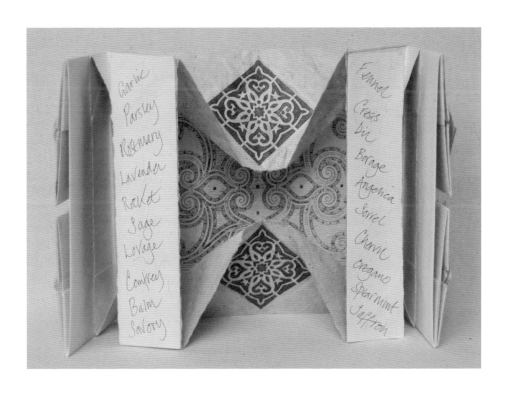

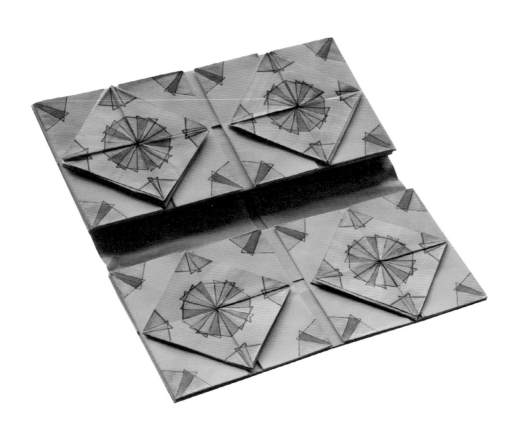

科比·厄斯金制作的"折叠秘密"册子，用来制作封面的色彩鲜艳的印花棉布启发了里面的绘画设计，
缀一条金色的带子用来把册子系紧

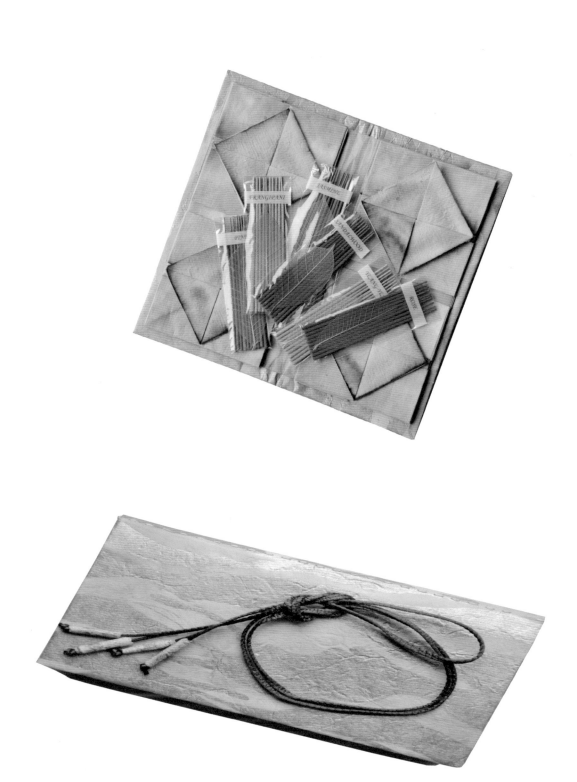

一包包五颜六色的香棒影响了这本册子的设计，其结构类似"侗族样式：雕版印花"，有15个隔间，纸质封面加了薄衬，图案像火焰一样，用线迹缝合以进行加固，手工制作的纸珠坠在墨绿色的绳带尾端

天鹅绒封面的"折叠秘密"册子，运用补花、平绣、数纱绣以及珠绣，科比·厄斯金制作

内部格局和装饰

盒子和口袋都是为装CD而制作的，这提供了一种不同寻常的方式作为周年纪念日、节日或其他特殊事件的礼物

下图所示为八角星折叠口袋。当尺寸缩小时，形成一个非常有意思的图案。在无装饰的情况下，阴影强调了折叠的立体感效果，不同于在着色的情况下吸引人眼球的是八角星的形状。

生丝封皮，缀金属圆片，绑亚麻织带，闭合尺寸13厘米×25厘米

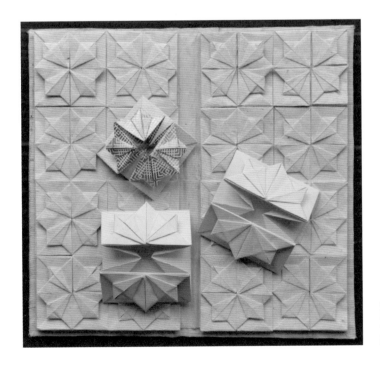

八角星样式的册子，有31个隔间，以中国北方的针线包样本为参照，每个口袋6厘米见方，本色手工洛克塔纸，单独的八角星折叠小礼盒，由印刷和彩绘的纸张制成

如今，卡片制作是一项非常流行的手工艺活动。"折叠的保密"卡片可以用扭折的口袋或八角星口袋来装饰，这样还可以把小礼物藏在里面。更大的、单独的口袋可以做成与众不同的礼品盒，并通过设计以适合各种场合。

单个扭折口袋和八角星口袋改编的装饰性礼盒，由印刷纸和手工纸制成

扩展阅读

图书

Berliner, Nancy Zeng, Chinese Folk Art, New York Graphic Society, Little, Brown & Company, (Inc) .1986. ISBN 0−8212−16515−5

Corrigan, Gina, Guizhou Province: Costume and Culture in Remote China, Odyssey, 2002, ISBN 962−217−674−7

Corrigan, Gina, Miao Textiles from China, Fabric Folios, The British Museum Press, 2001, ISBN 0−7141−2742−6

Fatin, Philippe, De Fil Et D'Argent, EXhibition Catalogue, 2004, ISBN 88−7439−183−8

Smith, Ruth, Miao Embroidery From SW China, Occidor Ltd., 2005. ISBN 0−9528804−1−5

Smith, Ruth, Ed. Minority Textile Techniques, Costumes from SW China, Occidor Ltd. 2007. ISBN 978−0−952 8804−2−4

Soong, Maying, The Art Of Chinese Paper Folding, Cedar Book 139, The World's Work (1913) Ltd. 1964.

Torimaru, Tomoko, One Needle, One Thread, University of Hawaii, ISBN 978−1−60702−173−5

University of Hawaii Art gallery, Writing With Thread, 2009. ISBN 9780982033210

Zeng's Collection, Ethnic Miao Embroidery, ISBN 978−7−221−08462−0

Ruth Smith, Folded Secrets Paper Folding Projects, Booklets 1−4, 2012

See, Lisa, Snow Flower and the Secret Fan, Bloomsbury Publishing Plc., 2006, ISBN 0 7475 8066 9.

网站

http://www.tribaltextiles.info 一个聚焦在中国西南和东南亚地区少数民族及其传统纺织品的在线图片信息资源。该网站主办了 http://www.tribaltextiles.info/community 社区论坛，不断更新关于少数民族纺织品的信息概览。

鲁思·史密斯

　　硕士，曾在金史密斯学院（Goldsmiths College）接受过教师培训，多年从事英国城市行业协会（City & Guilds）的刺绣教学。1992年，她从温彻斯特艺术学院（Winchester School of Art）毕业并获得艺术设计史学的硕士学位，此后她萌生了写书的想法。这一想法促使她加入对吉娜·科里根收藏的中国少数民族节日服装的研究团队，并赴贵州省和云南省的诸多乡村进行田野考察。这一经历最终促成两本出版物。2005年，她撰写了《中国西南苗族刺绣》（*Miao Embroidery from South West China*）一书，两年后编写了《少数民族纺织技艺：中国西南服饰》（*Minority Textile Techniques: Costumes from South West China*）一书。从那时起，鲁思的研究聚焦在把这些出版物的主题与她所热爱的教学工作结合起来。她举办讲座和工作营，并编写了一套四册的专题实用手册，介绍针线包及一系列衍生品的制作方法。

吉娜·科里根

　　理科学士，教育学硕士，英国皇家摄影协会（Fellowship of the Royal Photographic Society）会员。她从事教师工作13年，并在此期间继续攻读学位。她获得诺丁汉大学（Nottingham University）硕士学位，并成为英国皇家摄影学会会员。告别教育工作后，她成立了自己的公司——奥赛多有限公司（Occidor Ltd.）。从1973年开始，她组织游客赴中国进行专业旅游。1987以后，她重点关注中国的西藏地区和西南地区的少数民族的纺织品。1998年，大英博物馆从她收藏的大量中国西南服饰中挑选部分收藏，接着出版了她的《来自中国的苗族纺织品》（*Miao Textiles from China*）。随后，更多数量的一批服饰被利物浦博物馆收藏。2001年，吉娜组织了一个专家团队来研究她的纺织品收藏。有两本书是关于刺绣和纺织技术的，由她的合作伙伴鲁思·史密斯编写。她们最新的联合研究成果就是这本书。吉娜到各地讲座，并在由斯太普旅行社（Steppes Travel）组织的专业纺织品旅游团中担任领队。她目前正在研究藏族服装，2017年出版了《藏族服饰——安多与康巴》（*Tibetan Dress: in Amdo & Kham*）一书。